建筑施工特种作业人员安全技术培训教材
编审委员会

主　　　任：胡永旭　　张鲁风

副　主　任：邵长利　　范业庶

编委会成员：（按姓氏笔画排序）

王　启	王　辉	王　强	王立东	王兰英
文　俊	甘京铁	厉天数	卢健明	田华强
白　晶	邝欣慰	吕济德	刘振春	孙　冰
李昇平	李维波	李锦生	李新峰	杨象鸿
步向义	肖鸿韬	时建民	吴　杰	邱世军
余　斌	宋　渝	张晓飞	陆　凯	陈　钊
陈幼年	陈光明	陈胜文	幸超群	林东辉
周　涛	赵　锋	赵子萱	钟花荣	闻　婧
祝汉香	秦立强	袁　明	贾春林	徐　波
殷晨波	黄红兵	梁尔军	梁永贵	韩祖民
喻惠业	滑海穗	熊　琰		

本书编委会

主　　编：钟伟文

副 主 编：王　启

编　　委：肖鸿韬　杨象鸿　李锦生　甘京铁　卢立东
　　　　　邝欣慰　王　强　林东辉　卢健明

序　言

中共中央、国务院 2016 年 12 月 9 日颁发的《关于推进安全生产领域改革发展的意见》中明确指出，"安全生产是关系人民群众生命财产安全的大事，是经济社会协调健康发展的标志，是党和政府对人民利益高度负责的要求。"

建筑业是我国国民经济的重要支柱产业。改革开放以来，我国建筑业快速发展，建造能力不断增强，产业规模不断扩大，吸纳了大量农村转移劳动力，带动了大量关联产业，对经济社会发展、城乡建设和民生改善作出了重要贡献。建筑安全生产管理工作也取得了很大成绩。从总体上看，全国建筑安全生产形势呈不断好转之势，但受施工环境和作业特点等所限，特别是超高层、大体量的建设工程逐年递增，施工现场不安全因素较多，建筑安全生产形势依然非常严峻。建筑业仍属事故多发的高危行业之一，每年发生的事故起数和死亡人数有着较大波动性。因此，建筑安全生产是建筑业和工程建设发展的永恒主题，必须以习近平新时代中国特色社会主义思想为指引，牢固树立以人为本、安全发展的理念，坚持"安全第一、预防为主、综合治理"方针，坚持速度、质量、效益与安全的有机统一，强化和落实建筑业企业主体责任，防范和遏制重特大事故，防止和减少违章指挥、违规作业、违反劳动纪律行为，促进建设工程安全生产形势持续稳定好转。

建筑施工特种作业，是指在建筑施工活动中容易发生事故，对操作者本人、他人的安全健康及设备、设施的安全可能造成重大危害的作业。直接从事建筑施工特种作业的人员，称为建筑施工特种作业人员。因此，抓好建筑施工特种作业人员的专业培训教育，实行持证上岗，对于保障建筑施工安全生产具有极为重要的意义。

本系列教材的编写依据主要是《建筑施工特种作业人员管理规定》（建质 [2008]75 号）、《关于建筑施工特种作业人员考核工作的实施意见》（建办质 [2008]41 号）。根据建筑施工特种作业人员的分类和《建筑施工特种作业人员安全技术考核大纲》（试行）所规定的考核知识点，本系列教材共编为 12 本。其中，《特种作业安全生产基本知识》是综合性教材，适用于所有的建筑施工特种作业人员；其余 11 本为专业性用书，分别适用于建筑电工、普通脚手架架子工、附着升降脚手架架子工、建筑起重司索信号工、塔式起重机司机、施工升降机司机、物料提升机司机、塔式起重机安装拆卸工、施工升降机安装拆卸工、物料提升机安装拆卸工、高处作业吊篮安装拆卸工。

本系列教材的编写工作，得到了黑龙江省建筑安全监督管理总站、河南省建筑安全监督总站、湖北省建设工程质量安全协会、浙江省建筑业行业协会施工安全与设备管理分会、山东省建筑安全与设备管理协会、湖南省建设工程质量安全协会、重庆市建设工程安全管理协会、江苏省建筑行业协会建筑安全设备管理分会、广东省建筑安全协会、安徽省建设行业质量与安全协会、江苏省高空机械吊篮协会和高空机械工程技术研究院以及有关方面专家们的大力支持，分别承担和完成了本系列教材的各书编写工作。特此一并致谢！

本系列教材主要用于建筑施工特种作业人员的业务培训和指导参加考核，也可作为专业院校和有关培训机构作为建筑施工安全教学用书。本书虽经反复推敲，仍难免有不妥之处，敬请广大读者提出宝贵意见。

建筑施工特种作业人员安全技术培训教材编审委员会

2018 年 12 月

目　　录

第一篇　专业基础理论知识

第二篇 专业技术理论和安全操作技能篇

第一篇 专业基础理论知识

第1章 力学基础知识

1.1 力的概念

力是物体与物体之间的相互作用，力使物体运动状态发生变化的效应称为力的外效应，使物体发生变形的效应称为力的内效应。

1.2 力的单位

在国际单位制中，力的单位是牛顿，国际符号是 N。我国采用国际单位制。

1.3 力的三要素

力的大小、方向和作用点称为力的三要素。改变三要素中的任何一个时，力对物体的作用效果也随之改变。

1.4 静力学的基本定理

最基本的规律可归纳以下四条静力学定律：

1. 两力平衡定律

物体在两个力的作用下保持平衡的条件是：这两个力的大小相等，方向相反，且作用在同一条直线上。

2. 加减平衡力系定律

在任意一个已知力系上加上或者减去任意平衡力系，不会改变原力系对刚体的作用效应。

3. 力的平行四边形法则

作用在物体上某一点的两个力，可以合成一个合力，其合力的大小与方向由这两个已知力为邻边所构成的平行四边形的对角线来表示，这个法则称为平行四边形法则。

4. 力的作用与反作用定律

两物体的作用力与反作用力大小相等，方向相反且沿同一条作用线，分别作用在两个物体上。

1.5 力的合成与分解

1. 力的合成

当一个物体同时受到几个力的作用时，如果找到这样的一个力，其产生的效果与原来几个力共同作用的效果相同，则这个力叫作原来那几个力的合力。求几个已知力的合力的方法叫作力的合成。

（1）作用在同一直线上力的合成

作用在同一直线上各力的合力，其大小等于各力的代数和，其方向与计算结果的符号方向一致（如图 1-1）。

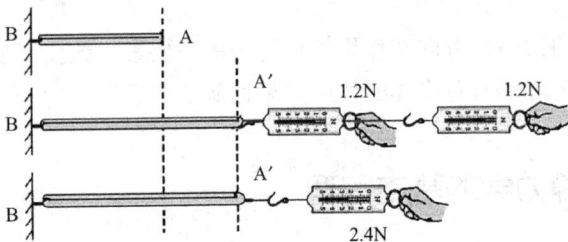

图 1-1　作用在同一直线上力的合成

（2）两个共点力的合成

作用于同一点并相互成角度的力称为共点力，求两个互成角度的共点力的合力，可用表示这两个力的有向线段作为邻边画一个平行四边形，其对角线就表示合力的大小和方向，这就叫作力的平行四边形法则。

2. 力的分解

一个已知力（合力）作用在物体上产生的效果可以用两个或两个以上同时作用的力（分力）来代替。已知一个合力求几个分力的方法叫作力的分解。

力的分解是力的合成的逆运算，同样适用平行四边形法则。把已知力作为平行四边形的对角线，平行四边形的两个邻边就是这个已知力的两个分力。

在分析吊索受力时我们经常会用到力的分解方法。下面以使用两根吊索吊重 $G = 1kN$，当吊索与吊垂线夹角为 $0°$、$30°$、$45°$、$60°$时为例，采用三角函数法对每根吊索受力进行分析。吊索承受力可用下列公式计算：

$$F = \frac{G}{n \times \cos\alpha} \qquad (1\text{-}1)$$

如果以 $K = 1/\cos\alpha$ 代入上式则获得 $F = KG/n$。

式中　α——吊索与铅垂线间夹角；

　　　G——吊物的重力；

　　　n——吊索的根数；

　　　K——随吊索与吊垂线夹角 α 变化的系数，见表 1-1。

例如：被吊重物重量为 10kN，利用双吊索起吊，吊索与铅垂线间夹角是 $25°$，则吊索承受力为：$F = K \times G/n = 1.1 \times 10/2kN = 5.5kN$。

随角度变化的 K 值　　　　　　　　　　表 1-1

α	$0°$	$15°$	$20°$	$25°$	$30°$	$35°$	$40°$	$45°$	$50°$	$55°$	$60°$
K	1	1.035	1.06	1.1	1.15	1.22	1.31	1.414	1.56	1.76	2

吊索受力计算（单位：kN）　　　　　　表 1-2

α	$0°$	$30°$	$45°$	$60°$
K	1	1.15	1.41	2

α	0°	30°	45°	60°
G/n	0.5	0.5	0.5	0.5
$F = KG/n$	0.5	0.575	0.707	1

3. 力的平衡条件

在两个或两个以上力系的作用下，物体保持静止或做匀速直线运动状态，这种情况叫作力的平衡。几个力达到平衡的条件是它们的合力等于零。

1.6 力矩

1. 力矩的概念

力的作用可以改变物体的运动状态，或者使物体发生变形，力还可以使物体发生转动。力使物体转动的效果，不仅跟力的大小有关，还跟转动轴心到力的作用线的距离（即力臂）有关。物体转动的效应与力、力臂大小成正比。

力与力臂的乘积称为力矩，若力为 F，力臂为 L，则力矩 $M = FL$，力矩的国际单位为牛顿·米，国际符号为 N·m。如图 1-2 所示。

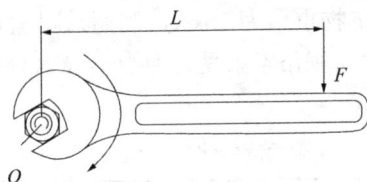

图 1-2　力矩

2. 力矩的平衡

我们在日常生活中会接触到许多力矩平衡的问题，如杆秤、货物的支架、塔吊等。因此灵活应用平衡条件便成为解决这类实际问题的关键。力矩平衡的例子很多，起重吊运中经常使用平衡梁，就是典型一例。它和我们看到的杆秤是一样的道理。其计算简图如图 1-3 和图 1-4 所示。

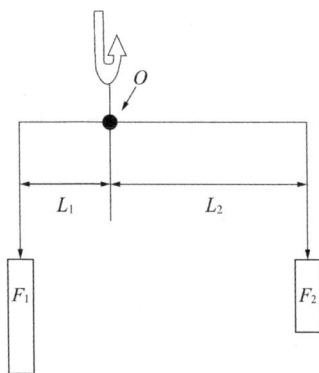

图 1-3　平衡梁处于平衡状态　　图 1-4　平衡梁处于不平衡状态

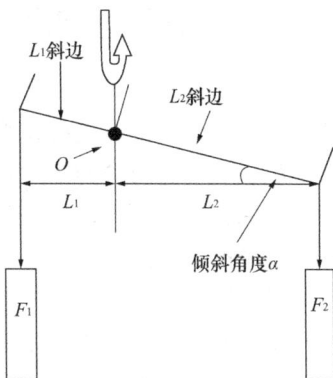

（1）力矩的平衡

F_1 绕 O 点的力矩大小为 $M_o = F_1 \times L_1$，逆时针转动；

F_2 绕 O 点的力矩大小为 $M_o = -F_2 \times L_2$，顺时针转动。

当两个力矩相等时，平衡梁处于平衡状态，如图 1-3 所示。平衡梁平衡的条件是对 O 点的力矩之和等于零。

即：
$$M_o(F_1) + M_o(F_2) = 0$$
$$F_1 \times L_1 + (-F_2 \times L_2) = 0$$
$$F_1 \times L_1 = F_2 \times L_2$$

从式中就可求出所需力和力臂，如求 F_1，则：

$$F_1 = \frac{F_2 L_2}{L_1} \tag{1-2}$$

（2）力矩的不平衡

F_1 绕 O 点的力矩大小为 $M_o = F_1 \times L_1$，逆时针转动；

F_2 绕 O 点的力矩大小为 $M_o = -F_2 \times L_2$，顺时针转动。

当两个力矩不相等时（任意改变其中一个力或力臂的大小），平衡梁处于不平衡状态，如图 1-4 所示。

当力矩发生不相等时，平衡梁就会发生倾斜。同理塔机的超载极有可能引起倾翻倒塌事故。

1.7 物体重量的计算方法

在起吊搬运各种设备或重物时，首先应该知道被吊、搬运设备或重物的重量，根据设备或重物的重量和外形等情况选择合适的起重机具，确定合理的施工方案。这样，就要求每个特种作业人员都应掌握有关面积、体积、密度、质量、重量及单位等基本概念和简单的计算方法。

1. 面积的计算

常用规则几何形状面积计算公式见表1-3。

常用规则几何形状面积的计算公式　　　表1-3

名称	几何图形	计算公式
正方形	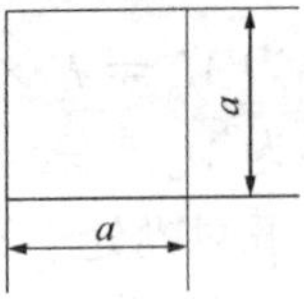	$S = a^2$
长方形	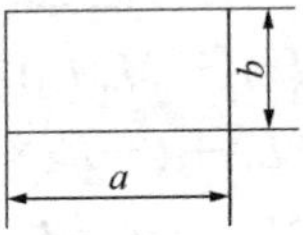	$S = ab$
圆形	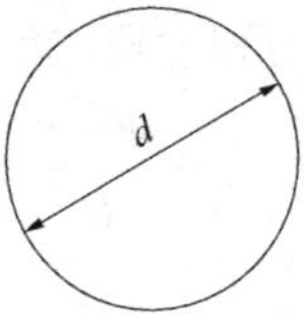	$S = \pi r^2 = \pi d^2/4$
圆环形	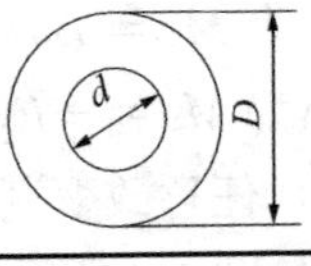	$S = \pi(R^2 - r^2) = \pi(D^2 - d^2)/4$

在实际工作中，遇到的设备或物体不一定是我们上面所介绍的规则几何形状，此时，我们可以把它们分割成几种规则或近似

8

规则的图形，分别计算出结果，然后相加，就得到总面积。

2. 体积的计算

要计算物体的质量，就需要知道物体的体积。常见的规则几何形状体积计算公式如表 1-4：

常用规则几何形状体积的计算公式 表 1-4

名称	几何图形	计算公式
正方体	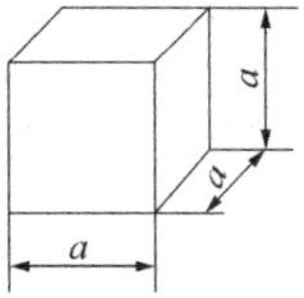	$V = a^3$
长方体	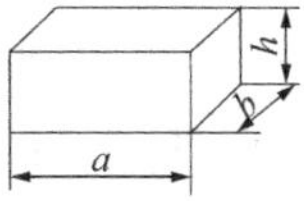	$V = abh$
圆柱体	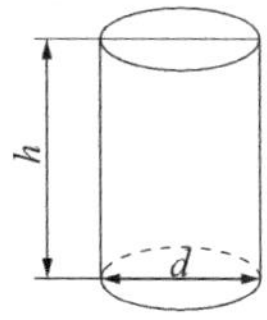	$V = \pi R^2 h = \pi d^2 h/4$
空心圆柱体	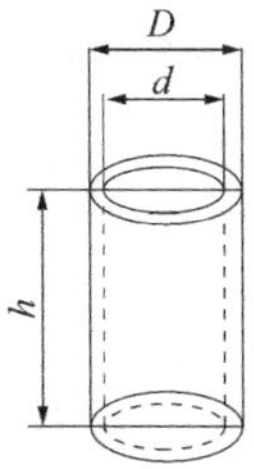	$V = \pi(R^2 - r^2)h = \pi(D^2 - d^2)h/4$

遇到组合形体时，可以分块计算再求和。

3. 物体重量的计算

（1）密度

计算物体质量时，必须知道物体材料的密度。密度就是指某种物质单位体积内所具有的质量，密度的单位是由质量单位和体积单位组成；在国际单位中，密度的单位是千克 / 米 ^{3}，符号是 kg/m^3，读作：千克每立方米；常用单位还有克/厘米^3，符号是 g/cm^3。

（2）物体质量的计算

物体的质量等于构成该物体的材料密度与体积的乘积，见表 1-5。

其表达式为：
$$m = \rho V \qquad (1\text{-}3)$$
式中　m——物体的质量；

　　　ρ——物体的材料密度；

　　　V——物体的体积。

计算时应注意各参数单位的相互对应。

（3）物体重量的计算

物体的重量就是物体所受重力的大小，物体所受的重力是由于地球的吸引而产生的，重力的方向总是竖直向下，物体所受重力大小 G 和物体的质量 m 成正比，其表达式为：
$$G = mg \qquad (1\text{-}4)$$
式中　g——9.8N/kg。

重量计量单位为牛顿，简称牛，符号为 N，1kg 物质的重量约为 9.8N。

4. 质量的计算公式及实例

常用规则几何形状质量的计算公式及计算实例　　　表 1-5

名称	几何图形	计算公式	计算实例
正方体		$m = a^3\rho$	例题： 边长 $(a) = 2$m，密度 $(\rho) = 500$kg/m^3 $m = a^3\rho = 2^3 \times 500 = 4000$kg
长方体		$m = abh\rho$	例题： 长 $(a) = 4$m，宽 $(b) = 3$m，高 $(h) = 2$m，密度 $(\rho) = 500$kg/m^3 $m = abh\rho = 4 \times 3 \times 2 \times 500 = 12000$kg

名称	几何图形	计算公式	计算实例
圆柱体		$m = \pi R^2 h\rho$ $= \pi d^2 h/4\rho$	例题: $\pi = 3.14$,半径 (R) = 2m,高 (h) = 3m,密度 (ρ) = 500kg/m³ $m = 3.14 \times 2^2 \times 3 \times 500$ = 18840kg
空心圆柱体		$m = \pi(R^2 - r^2)h\rho$ $= \pi(D^2 - d^2)h/4\rho$	例题: $\pi = 3.14$,大圆半径 (R) = 2m,小圆半径 (r) = 1m,h = 3m,密度 (ρ) = 500kg/m³ $m = 3.14 \times (2^2 - 1^2)$ $\times 3 \times 500 = 14130$kg
球体		$m = 4/3\pi R^3 \rho$ $= 1/6\pi R^3 \rho$	例题: $\pi = 3.14$,半径 (R) = 2m,密度 (ρ) = 500kg/m³ $m = 4/3 \times 3.14 \times 2^3 \times 500 = 16747$kg

注:R、r 为大小圆半径,D、d 为大小圆直径,ρ 为密度,π(3.14)为圆周率。

第 2 章　电工基础知识

2.1　电工学原理

2.1.1　电流（I）

电荷的定向移动形成电流。电路中电流常用 I 表示。电流分直流电和交流电两种。电流的大小和方向不随时间变化的叫作直流电。电流的大小和方向随时间变化的叫作交流电。电流的单位是安（A），也常用毫安（mA）或者微安（μA）做单位。1A ＝ 1000mA，1mA ＝ 1000 μA。

电流可以用电流表测量。测量的时候，把电流表串联在电路中，要选择电流表指针接近满偏转的量程。这样可以防止电流过大而损坏电流表。

2.1.2　电压（U）

电荷之所以能够流动，是因为有电位差。电位差也就是电压。电压是形成电流的原因。在电路中，电压常用 U 表示。电压的单位是伏（V），也常用毫伏（mV）或者微伏（μV）做单位。1V ＝ 1000mV，1mV ＝ 1000 μV。

电压可以用电压表测量。测量的时候，把电压表并联在电路上，要选择电压表指针接近满偏转的量程。如果电路上的电压大小估计不出来，要先用大的量程，粗略测量后再用合适的量程。这样可以防止由于电压过大而损坏电压表。

2.1.3　电阻（R）

电路中对电流通过有阻碍作用并且造成能量消耗的部分叫作电阻。电阻常用 R 表示。电阻的单位是欧（Ω），也常用千欧（kΩ）或者兆欧（MΩ）做单位。1kΩ ＝ 1000Ω，1MΩ ＝ 1000000Ω。导体的电阻由导体的材料、横截面积和长度决定。

电阻可以用万用表欧姆档测量。测量的时候，要选择电表指针接近偏转一半的欧姆档。如果电阻在电路中，要先把电阻的一头引脚断开后再测量。

2.1.4　欧姆定律

导体中的电流 I 和导体两端的电压 U 成正比，和导体的电阻 R 成反比，即 $I = U/R$。这个规律叫作欧姆定律。如果知道电压、电流、电阻三个量中的两个，就可以根据欧姆定律求出第三个量，即

$$I = U/R \qquad\qquad (2\text{-}1)$$
$$R = U/I \qquad\qquad (2\text{-}2)$$
$$U = I \times R \qquad\qquad (2\text{-}3)$$

在交流电路中，欧姆定律同样成立，但电阻 R 应该改成阻抗 Z，即 $I = U/Z$。

2.1.5　电源

把其他形式的能转换成电能的装置叫作电源。发电机能把机械能转换成电能，干电池能把化学能转换成电能。发电机、干电池等叫作电源。通过变压器和整流器，把交流电变成直流电的装置叫作整流电源。能提供信号的电子设备叫作信号源。晶体三极管能把前面送来的信号加以放大，又把放大了的信号传送到后面的电路中去。晶体三极管对后面的电路来说，也可以看作是信号源。整流电源、信号源有时也叫作电源。

2.1.6 负载

把电能转换成其他形式的能的装置叫作负载。电动机能把电能转换成机械能，电阻能把电能转换成热能，电灯泡能把电能转换成热能和光能，扬声器能把电能转换成声能。电动机、电阻、电灯泡、扬声器等都叫作负载。晶体三极管对于前面的信号源来说，也可以看作是负载。

2.1.7 电路

电流流过的线路叫作电路，如图 2-1 和图 2-2 所示。最简单的电路由电源、负载和导线、开关等元件组成，常用的电路元件及符号如表 2-1 所示。电路处处连通叫作通路。只有通路，电路中才有电流通过。电路某一处断开叫作断路或者开路。电路某一部分的两端直接接通，使这部分的电压变成零，电流增大数十倍。叫作短路。

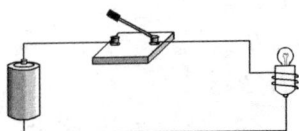

图 2-1 简单的直流电路图   图 2-2 手电筒的电路原理图

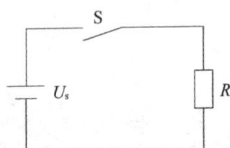

常用元件及符号   表 2-1

类别	名称	图形符号	文字符号	类别	名称	图形符号	文字符号
开关	单级控制开关	或	SA	位置开关	常开触头		SQ
	手动开关一般符号		SA		常闭触头		SQ
	三级控制开关		QS		复合触头		SQ

14

类别	名称	图形符号	文字符号	类别	名称	图形符号	文字符号
开关	三级隔离开关		QS	按钮	常开按钮		SB
	三级负荷开关		QS		常闭按钮		SB
	组合旋钮开关		QS		复合按钮		SB
	低压断路器		QF		急停按钮		SB
	控制器或操作开关	后 前	SA		钥匙操作式按钮		SB
接触器	线圈操作器件		KM	热继电器	热元件		FR
	常开主触头		KM		常闭触头		FR
	常开辅助触头		KM	中间继电器	线圈		KA
	常闭辅助触头		KM		常开触头		KA
时间继电器	通电延时（缓吸）线圈		KT		常闭触头		KA
	断电延时（缓吸）线圈		KT	电流继电器	过电流线圈	$I >$	KA

类别	名称	图形符号	文字符号	类别	名称	图形符号	文字符号
时间继电器	瞬时断开的常闭触头		KT	电流继电器	常开触头		KA
	延时闭合的常开触头	或	KT		常闭触头		KA
	延时断开的常闭触头	或	KT	电压继电器	过电压线圈	$U >$	KV
	延时闭合的常闭触头	或	KT		欠电压线圈	$U <$	KV
	延时断开的常开触头	或	KT		常开触头		KV
电磁操作器	电磁铁的一般符号	或	YA		常闭触头		KV
	电磁吸盘		YH	电动机	三相笼型异步电动机	M 3~	M
	电磁离合器		YC		三相绕线转子异步电动机	M 3~	M
	电磁制动器		YB		他动直流电动机	M	M
	电磁阀		YV		并励直流电动机	M	M

16

由三相交流电构成的电路就是三相交流电路。三相交流电源可根据设计接星形或三角形，如图 2-3 所示。星形接法是将三个单相电源的一端连接在一起，合并为一根线，这根线就称为中性线或中线。星形连接的三相电源向负载提供两种电压，即相电压和线电压。相电压是指每一端线与中性线之间的电压，而线电压是指每两相线路之间的电压。三角形接法时有两种电流，每相电源上的是相电流，线路上的是线电流。

三相负载也可根据设计接成星形接法或三角形接法，如图 2-4 所示。星形接法的也有线电压与相电压之分，三角星形接法的也有线电流与相电流之分。

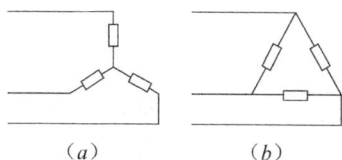

图 2-3　三相交流电源的连接　　　图 2-4　三相负载的连接
（a）星形接法；（b）三角形接法　　（a）星形接法；（b）三角形接法

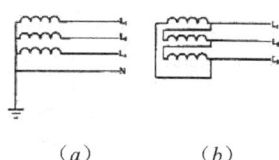

我国生活和办公用电都采用 220V 单相相电压，生产动力用电一般为 380V 三相线电压。

2.1.8　电功率和电能

（1）电功率

电气设备消耗电能，将电能转换为机械能、热能等其他能量。电功率（简称功率）表示电气设备作功的能力，即单位时间所作的功。

在直流电路或纯电阻单相交流电路中，用符号 P 表示电功率可以表示为：

$$P = UI = I^2 R = \frac{U^2}{R} \qquad (2-4)$$

式中　P——电功率；

　　　U——电压；

　　　I——电流；

　　　R——电阻。

在三相交流电路中电功率可以表示为：

$$P_总 = 3P_相 = 3U_相 \cdot I_相 \cdot \cos\varphi_相 = 3U_相 \cdot \frac{I_线}{\sqrt{3}} \cdot \cos\varphi_相 = 3U_线 \cdot \frac{I_线}{\sqrt{3}} \cdot \cos\varphi_相$$

$$= \sqrt{3}U_线 \cdot I_线 \cdot \cos\varphi_相$$

功率的国际单位为瓦特（W），常用的单位还有毫瓦（mW）、千瓦（kW），它们与 W 的换算关系是 $1mW = 10^{-3}W$，$1kW = 10^3W$。

一个电路最终的目的是电源将一定的电功率传送给负载，负载将电能转换成工作所需要的一定形式的能量，即电路中存在发出功率的器件（供能元件）和吸收功率的器件（耗能元件）。

习惯上，通常把耗能元件吸收的功率写成正数，把供能元件发出的功率写成负数，而储能元件（如理想电容、电感元件）既不吸收功率也不发出功率，即其功率 $P = 0$。

通常所说的功率 P 又叫作有功功率或平均功率。

（2）电能

电能是指在一定的时间内电路元件或设备吸收或发出的电能量，用符号 W 表示，其国际单位为焦耳（J），电能的计算公式为

$$W = P \cdot t = UIt \tag{2-5}$$

式中　W——电能；

　　　P——有功功率；

　　　t——持续时间；

　　　U——电压；

　　　I——电流。

通常电能用千瓦小时（kW·h）来表示大小，也叫作度（电）；1 度（电）= 1kW·h = 3.6×10^6J，即功率为 1000W 的

供能或耗能元件，在 1h 的时间内所发出或消耗的电能量为 1 度。

（3）电气设备的额定值

为了保证电气设备和电路元件能够长期安全地正常工作，规定了额定电压、额定电流、额定功率等铭牌数据。

1）额定电压：电气设备或元器件在正常工作条件下允许施加的最大电压。

2）额定电流：电气设备或元器件在正常工作条件下允许通过的最大电流。

3）额定功率：在额定电压和额定电流下消耗的功率，即允许消耗的最大功率。

4）额定工作状态：电气设备或元器件在额定功率下的工作状态，也称满载状态。

5）轻载状态：电气设备或元器件在低于额定功率的工作状态，轻载时电气设备不能得到充分利用或根本无法正常工作。

6）过载（超载）状态：电气设备或元器件在高于额定功率的工作状态，过载时电气设备很容易被烧坏或造成严重事故。

轻载和过载都是不正常的工作状态，一般是不允许出现的。

2.2　异步电动机

将电能转化为机械能的旋转机械，称为电动机。电动机的种类很多，按取用电能的种类可分为直流电动机和交流电动机，直流电动机具有调速方便，起动转矩大等优点，然而由于它的构造复杂，使直流电动机应用受到了限制。交流电动机根据构造和工作原理的不同，分为同步电动机和异步电动机。同步电动机构造复杂、成本高、使用和维护困难，一般只在功率较大和要求转速恒定时采用。异步电动机又有鼠笼式和绕线式两种。此外，异步电动机还根据电源相数不同，有三相电动机和单相电动机。

异步电动机具有构造简单，价格便宜，工作可靠，使用和维护方便等优点，因此在现代生产中是应用最广泛的一种电动机。

2.2.1 异步电动机的结构

异步电动机的结构可分为定子和转子两大部分。按各部件的作用，也可大致分为"机"、"电"、"磁"三类部件。

（1）机械部件：起支撑、紧固、防护、冷却等作用，如机座、端盖、轴及轴承、风扇等。

（2）电的部件：用来导电、产生电磁感应的部分，如绕组（线圈）、接线盒、电刷、滑环等。

（3）磁的部件：用来导磁的硅钢片铁芯，可分为定子铁芯及转子铁芯两部分。

鼠笼式异步电动机和绕线式异步电动机的定子部分是相同的，而转子的结构则明显不同。

定子是指异步电动机的静止部分，主要包括定子铁芯、定子绕组、机壳等部件。

定子铁芯是电机磁路的一部分，由硅钢片叠压而成，片间涂以绝缘漆，以减少涡损耗。叠片的内圆冲有定子槽，用来放置定子绕组。

定子绕组是电机的定子电路部分，三相绕组在定子内圆圆周上依次相隔120°的角度对称排列，构成三相对称相电路（空间角度＝120°/P，P为电机磁极对数）。根据电源电压情况，三相绕组可采用星形或三角形接法。每相绕组由许多线圈按一定规律连接而成，每个绕组的两个有效边分别放置在两个槽内。槽内有槽绝缘，双层绕组还有层间绝缘，槽口处用槽楔将导线压紧在槽内。

机座和端盖是电机的机械支撑部件，其作用是固定定子铁芯，并通过端盖轴承支撑转子，机座也是通风散热部件。为加强冷却效果，机壳外表面设有散热筋片，两侧端盖开通风孔。

转子是指电动机的旋转部分，它是由转子铁芯和转子绕组构成。

转子铁芯固定在转子轴上，也是电机磁路的一部分。铁芯除有径向通风沟外，还有轴向通风孔。转子槽一般不与轴平行，而是扭斜一个角度，以便改善起动性能。转子绕组是指转子槽内的鼠笼条和两端的短路环，用铜或铝制成。

转子绕组构成了转子的电路部分，如图 2-5 所示，其作用是产生感应电流和电磁转矩，以驱动转轴旋转。

绕线式异步电动机的转子包括转子铁芯和转子绕组。转子铁芯与鼠笼式电动机相似，但一般为直槽。转子绕组是用绝缘导线制成的线圈，嵌入转子铁芯槽中。转子绕组是和定子绕组相似的三相绕组，一般采用星形接法，三个引出线由轴的中心孔引至轴上的三个滑环。转子三相绕组可通过滑环、电刷与外部电阻器连接，用来改善电动机的起动性能或调节转速，如图 2-6 所示。

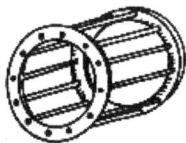

图 2-5 鼠笼式转子绕组图

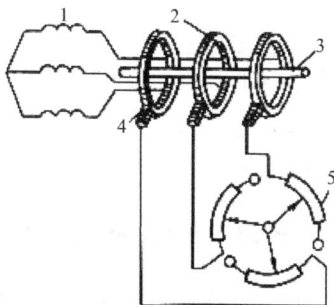

图 2-6   绕线式转子电路示意图
1—绕组；2—滑环；3—轴；
4—电刷；5—变阻器

2.2.2 异步电动机的转动原理

定子绕组通入三相交流电流时，三相合成磁势在电机铁芯内产生旋转磁场。如果磁场旋转的方向是顺时针方向，如图 2-7 所示。则静止的转子导体与磁场有相对运动，相当于磁场不变而转子向逆时针方向运动。定子磁场 N 极下的转子导体相当于向左做切割磁力线运动，产生感应电动势的方向用右手定则判断，为由纸面向外，用符号"⊙"表示。定子磁场 S 极下的转子导体相当于向右做切割磁力线运动，产生感应电动势的方向为垂直面向

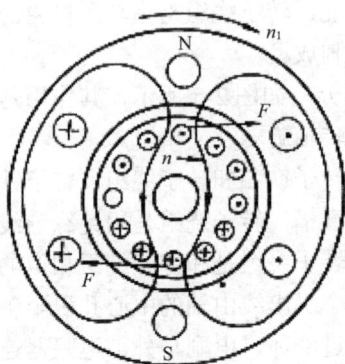

图 2-7　异步电动机工作原理

里以符号"⊗"表示。所有鼠笼导体被短路的，线绕式转子导体也是闭合的，因此转子各导体内必有感应电流流过。鼠笼导体成为通电导体，在磁场中将受到电磁力 F 的作用，其方向用左手定则判断。定子磁场 N 极下的转子导体受力方向为顺时针方向，定子磁场 S 极下的转子导体受力方向为顺时针方向，所以转子将有顺时针方向的电磁力矩产生，使转子按顺时针方向旋转起来。如改变通入定子绕组电流的顺序，必然改变了旋转磁场的转向，则转子的旋转方向也将随之而改变。利用这一原理，可以解决实际工作中的一些具体问题。

2.2.3　异步电动机铭牌及技术参数

异步电动机的铭牌是指机座外壳上钉的一块铭牌，上面注明了这台电动机的一些必要的技术数据，我们必须按照它规定的数据来使用电动机。建筑工地流动性大，工作环境差，特别要注意保护好铭牌，防止损坏和丢失，给使用造成困难。

图 2-8 是三相异步电动机的铭牌示例：

××××　　　　　　　　　　电机厂编号××××		
三相异步电动机		
型号　Y160M—4	功率　15kW	频率　50Hz
电压　380V	电流　30.3A	接法　△
转速　1460r/min	温升　75℃	绝缘等级　E
护防等级　IP144	重量　150kg	工作方式　S_1
功率因数　0.88		
	出厂年月××××年×月	

图 2-8　铭牌示例

22

下面介绍三相异步电动机铭牌上面的额定值和技术参数。

（1）额定电压

额定电压表示电动机定子绕组规定使用的线电压，单位是 V 或 kV。如铭牌上有两个电压值，则表示定子绕组在两种不同接法时的线电压。按国家标准规定，电动机额定电压等级分为 220V、380V、3000V、6000V 等。

（2）额定电流

额定电流表示电动机在额定电压及额定功率运行时，电源输入电动机的定子绕组中的线电流，单位是 A。如果铭牌上标有两个电流值，则说明为定子绕组在两种不同接法时的线电流。

（3）额定功率

额定功率表示电动机在额定状态下运行时，转轴上输出的机械功率，单位是 W 或 kW。电动机的额定功率 P_N 应小于额定状态下输入的电功率，这是因为电动机有功率损耗所致。

（4）额定转速

电动机在额定电压、额定频率和额定功率下工作时转轴的转速，叫作额定转速。拖动大小不同的负载时，转速也不同。一般空载转速略高于额定转速，过载时转速会低于额定转速，单位为 r/min。

（5）定额

定额也称为工作方式或运行方式，按运行持续时间的长短，分为连续、短时和断续三种基本工作制，是选择电动机的重要依据。

1）连续工作制，其代号为 S_1，是指电动机在铭牌规定的额定值条件下，能够长时间连续运行。适用于水泵、鼓风机等恒定负载设备。

2）短时工作制，其代号为 S_2，是指在电动机铭牌上规定的额定值条件下，能在限定的时间内短时运行。规定的标准持续时间额有 10min、30min、60min、90min 四种。

3）断续工作制，其代号为 S_3，是指在电动机铭牌上规定的额定值条件下，只能断续周期性地运行。一个工作周期为电动机恒定负载运行时间加停歇时间，规定为 10min，负载持续率规定的标准有 15%、25%、40%、60%四种。

（6）接法

接法指电动机在额定电压下定子三相绕组的连接方法。若铭牌标"△"，额定电压标"380V"，表明电动机电源电压为 380V 时应接成三角形。若电压标 380/220V，接法标"Y/△"，表明电源线电压为 380V 时应接成星形；电源线电压为 220V 时应接成三角形。电动机定子绕组接线如图 2-9 所示。

在电动机机座上的接线盒内，有各相绕组首、末端的接线柱，供三相绕组内部连接使用。按 1980 年国家标准规定，Y 系列电动机接线盒内接线端子的标志是："U"表示第一相绕组，"V"表示第二相绕组，"W"表示第三相绕组，"1"表示绕组首端，"2"表示绕组末端，如图 2-9 所示。

（7）额定频率

额定频率是指接入电动机的交流电源的频率，单位是赫兹（Hz）。我国电力系统的频率是 50Hz，所有使用的电动机也都是 50Hz 的。

（8）绝缘等级与温升

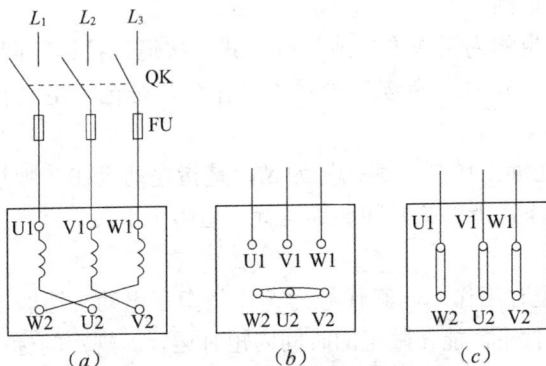

图 2-9　电动机定子绕组接线图
（a）三相绕组内部接线；（b）星形接法；（c）三角形接法

绝缘等级表示电动机所用绝缘材料的耐热等级。利用电阻法测量各级绝缘电动机的允许温升：A级绝缘允许极限温度为105℃，允许温升为60℃；E级绝缘的允许极限温度为120℃，允许温升75℃；B级绝缘的允许极限温度为130℃，允许温升80℃；F级绝缘的允许极限温度为155℃，允许温升100℃；H级绝缘的允许极限温度为180℃，允许温升125℃；C级绝缘允许极限温度为180℃以上，允许温升125℃。上述温升是指绕组的工作温度与环境温度（一般指室温为35℃，有些国产电机规定为40℃）之差值，单位是℃。电机工作温度的极限值主要取决于绝缘材料的耐热性能，工作温度超过允许值，会使绝缘材料老化，使电动机的寿命缩短，甚至烧毁。

（9）型号

三相异步电动机的产品型号，由汉语拼音字母和数字组合而成，一般有四部分，它表达的意义如下：

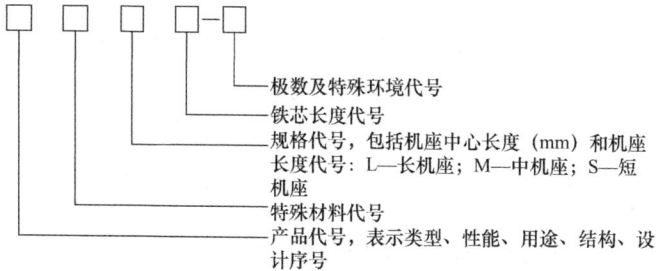

极数及特殊环境代号
铁芯长度代号
规格代号，包括机座中心长度（mm）和机座长度代号：L—长机座；M—中机座；S—短机座
特殊材料代号
产品代号，表示类型、性能、用途、结构、设计序号

（10）启动电流

电动机转速为零（静止）加上额定电压时的线电流，称为启动电流。异步电动机直接启动时，其启动电流很大，可达到额定电流的5～7倍，启动电流也是异步电动机启动性能重要指标。

启动电流大，对电动机本身和电网都有影响。首先是使电网电压瞬间下降。另一方面，过大的启动电流，将使电动机和线路上的电能损耗增加。所以，对于在启动时会使供电线路电压下降超过一定程度的电动机，应限制其启动电流。

2.3　三相交流电路

现代生产上的电源，几乎都是三相交流电源，所谓三相交流电，就是三个频率相同、电动势最大值相等，而相位互差 120°的正弦交流电。

三相交流电动势是三相交流发电机产生的，它的基本构造是在一对磁极中放置三个彼此相差 120°的绕组作为转子，如果我们把发电机转子中三个线圈的末端全部连接于 N 点，通过一根导线（中性线）引出来，又分别从三个线圈的首端引出三根导线，如图 2-10 所示，这样就将三个单相电源联合在一起了，我们称这种连接方式为发电机的星形（Y）连接。

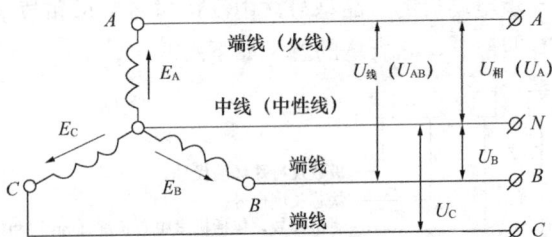

图 2-10　三相交流电的星形连接三相四线制供电

星形连接方式中，任何两根端线之间的电压称为线电压；任何一根端线和中性线之间的电压称为相电压。

我国的三相四线制供电系统中，送至负载的线电压一般为380V，相电压则为 220V。

2.4　施工临时用电工程供电系统和供电方式

2.4.1　施工临时用电工程的供电方式

建筑施工用电工程的供电方式，根据配电及工程环境条件，

一般可有以下两种:

（1）外电线路供电

外电线路供电方式又可分为四种类型:

1）采用 380/220V 市电低压电网供电，即直接将市电公用低压电网 380/220V 电力，以三相四线制型式引入施工用电工程的配电室或总配电箱。

2）采用邻近 10/0.4kV 变压器低压侧 380/220V 电力，以三相四线制型式引入施工用电工程的配电室或总配电箱。

3）采用在建工程本身正式的 10/0.4kV 变电所供电，即在工程开工前期先安排正式变电所竣工验收投入使用，暂作建筑施工用电工程的临时电源。

4）设置专用的 10/0.4kV 现场临时变电所，作为施工专用变电所。

（2）自备电源供电

所谓自备电源供电系指施工现场专设发电机组，其设置主要是作为无法取用外电线路电源或作为外电线路停电时的施工供电电源。

2.4.2　施工临时用电接地（零）系统

按《施工现场临时用电安全技术规范》JGJ 46—2005 的有关规定：建筑施工现场临时用电工程专用的电源中性点直接接地的 220/380V 三相四线制低压电力系统，必须采用 TN-S 接零保护系统。

（1）TN-S 系统

TN-S 接地、接零保护系统（简称 TN-S 系统）是指在施工用电工程中采用有专用保护零线（PE）的、电源中性点直接接地的、220/380V 三相四线制低压电力系统，或称三相五线系统，该系统主要技术特点是：

1）电力变压器低压侧中性点直接接地，接地电阻值不大于 4Ω。

2）电力变压器低压侧共引出 5 条线，其中除引出 3 条分别为黄、绿、红的绝缘线相线（火线）L_1、L_2、L_3（A、B、C）外，尚须于变压器二次侧中性点（N）接地处同时引出两条零线，一条叫作工作零线（浅蓝色绝缘线）（N 线），另一条叫作保护零线（PE）。其中工作零线（N 线）与相线（L_1、L_2、L_3）一起作为三相四线制工作线路使用；保护零线（PE 线）只作电气设备接零保护使用，即只用于联接电气设备正常情况下不带电的金属外壳、基座等。两种零线（N 线和 PE 线）不得混用，为防止无意识混用，保护零线（PE 线）应采用具有绿 / 黄双色绝缘标志的绝缘铜线，以与工作零线和相线相区别。同时，为保证接地、接零保护系统可靠，TN 系统中的保护零线除必须在配电室或总配电箱处做重复接地外，还必须在配电系统的中间处和末端处做重复接地，在 TN 系统中，保护零线每一处重复接地装置的接地电阻值不应大于 10 Ω。在工作接地电阻值允许达到 10 Ω 的电力系统中，所有重复接地的等效电阻值不应大于 10 Ω。TN-S 系统示意图，如图 2-11 所示。

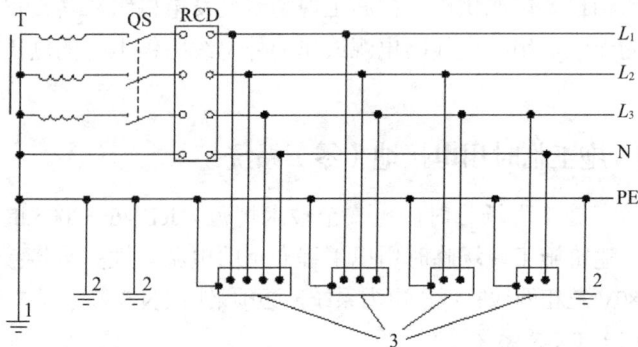

图 2-11　专用变压器供电时 TN-S 接零保护系统示意图

1—工作接地；2—PE 线重复接地；3—电气设备金属外壳（正常不带电的外露可导电部分）；L_1、L_2、L_3—相线；N—工作零线；PE—保护零线；QS—总电源隔离开关；RCD—总漏电保护器（兼有短路、过载、漏电保护功能的漏电断路器）；T—变压器

2.4.3　临时用电的配电原则

建筑施工现场临时用电工程专用的电源中性点直接接地的

220/380V 三相四线制低压电力系统，必须符合下列规定：采用三级配电系统；采用 TN-S 接零保护系统；采用二级漏电保护系统。

（1）三级配电系统：

所谓三级配电是指施工现场从电源进线开始至用电设备中间应经过三级配电装置配送电力，即由总配电箱（配电室内的配电柜）、经分配电箱（负荷或者用电设备相对集中处），到开关箱（用电设备处）分三个层次逐级配送电力。而开关箱作为末级配电装置，与用电设备之间必须实行"一机一闸制"，即每一台用电设备必须有自己专用的控制开关箱，而每一个开关箱只能用于控制一台用电设备。总配电箱、分配电箱内开关电器可设若干分路，且动力与照明宜分路设置。

（2）二级漏电保护：

二级漏电保护和两道防线包括两个内容：一是设置二级漏电保护系统；二是专用保护零线 PE 的实施。二者结合形成了施工现场的防触电的两道防线。

二级漏电保护是指在整个施工现场临时用电工程中，总配电箱中应装设漏电开关，所有开关箱中也必须装设漏电开关。

（3）保护零线（PE 线）的实施是临时用电的第二道安全防线。

在施工现场用电工程中，采用 TN-S 系统，是在工作零线（N 线）以外又增加了一条保护零线（PE 线），是十分必要的。当三相火线用电量不均匀时，工作零线 N 线就容易带电，而 PE 线始终不带电，那么随着 PE 线在施工现场的敷设和漏电保护器的使用，就形成一个覆盖整个施工现场防止人身（间接接触）触电的安全保护系统。因此 TN-S 接地接零保护系统与二级漏电保护系统一起称之为防触电保护系统的两道防线。

2.4.4 开关箱的电器配置

（1）每台用电设备应有各自的开关箱，动力开关箱与照明开关箱必须分设。

（2）开关箱必须装设隔离开关、断路器或熔断器，以及漏电保护器。当漏电保护器是同时具有短路、过载、漏电保护功能的漏电断路器时，可不装设断路器或熔断器。隔离开关应采用分断时具有可见分断点，能同时断开电源所有极的隔离电器，并应设置于电源进线端。当断路器是具有可见分断点时，可不另设隔离开关。

（3）每台用电设备必须有各自专用的开关箱，严禁用同一个开关箱直接控制 2 台及 2 台以上用电设备（含插座）。

（4）开关箱中的隔离开关只可直接控制照明电路或容量不大于 3.0kW 的动力电路，但不应频繁操作。容量大于 3.0kW 的动力电路应采用断路器控制，操作频繁时还应附设接触器或其他启动控制装置。

（5）开关箱中各种开关电器的额定值和动作整定值应与其控制用电设备的额定值和特性相适应。

2.4.5　配电箱、开关箱的安装

（1）总配电箱应设在靠近电源的地区，分配电箱应装设在用电设备或负荷相对集中的地区。分配电箱与开关箱的距离不得超过 30m，开关箱与其控制的固定式用电设备的水平距离不宜超过 3m。

（2）配电箱、开关箱应装设在干燥、通风及常温场所，不得装设在有严重损伤作用的瓦斯、烟气、潮气及其他有害介质中，亦不得装设在易受外来固体物撞击、强烈振动、液体浸溅及热源烘烤场所，否则，应予清除或做防护处理。

（3）配电箱和开关箱应安装牢固，便于操作和维修。配电箱、开关箱周围应有足够两个人同时工作的空间和通道，不得堆放任何妨碍操作、维修的物品，不得有灌木、杂草。

（4）配电箱、开关箱必须按其正常工作位置安装牢固、稳定、端正。固定式配电箱、开关箱的中心点与地面的垂直距离应为 1.4 ～ 1.6m；移动式配电箱、开关箱的中心点与地面的垂直距离宜为 0.8 ～ 1.6m。

（5）配电箱、开关箱内的开关电器（含插座），应按其规定

的位置紧固在电器安装板上，不得歪斜和松动。箱内安装的接触器、隔离刀开关、断路器等电气设备，应无破损，动作灵活，接触良好可靠，触头无烧蚀现象的合格电器。各种开关、电器的额定电流值应与其控制用电设备额定值相配合。

（6）配电箱、开关箱的进、出线口应配置固定线卡，进出线应加绝缘护套并成束卡固在箱体上，不得与箱体直接接触。移动式配电箱、开关箱的进线和出线应采用橡皮护套绝缘电缆，不得有接头。

（7）配电箱、开关箱应采取防雨、防尘措施，用后应将门加锁，防止他人误操作。

第3章 机械基础知识

3.1 机械识图的一般知识

3.1.1 投影及视图

（1）投影的概念

物体在光线的照射下，会在物体背后的平面上产生与物体几何外轮廓相似的影像，这个影像就是投影。投影分为中心投影与平行投影；平行投影又分为正投影与斜投影。由于正投影能真实地反映物体的轮廓和尺寸，在机械制图中一般均采用正投影。

（2）三视图

将构件放置在多面投影体系内，按正投影法向三个互相垂直的投影面作投影，就得到构件的三个投影，如图 3-1 所示，这个投影称为构件的三视图。在三个投影面上得到的投影分别称为正面投影（V）即主视图；水平面投影（H）即俯视图；侧面投影（W）即左视图。向正面（V）为了画图和读图的方便，将三个相互垂直的投影面展开成一个平面，即得到常用的三视图。如图 3-1 所示三视图的三个视图不是孤立的，其在尺寸上彼此相互关联，主视图反映了构件的长度和高度，俯视图反映了构件的长度和宽度，左视图反映了构件的高度和宽度，由此可得到构件三视图的关系：主视图与俯视图长对正；主视图与左视图高平齐；俯视图与左视图宽度相等。

上述的关系即是画图和读图时的要诀"长对正、高平齐、宽相等"。

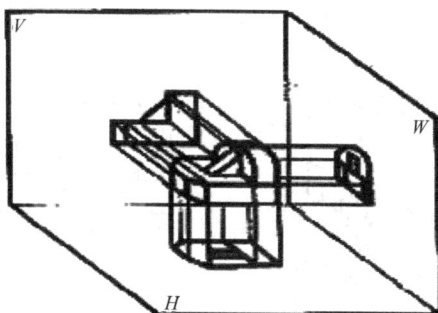

图 3-1　三视图投影

（3）剖面图和剖视图

1）剖面图

剖面图即利用一个假设的平面将物体的某一部分切断，仅画出被剖切平面的形状，剖面图有重合剖面图和移出剖面图两种画法，如图 3-2 所示。

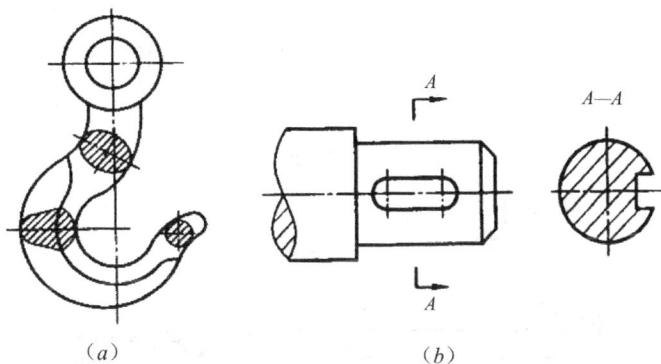

（a）　　　　　　　　（b）

图 3-2　剖面图

（a）重合剖面图；（b）移出剖面图

2）剖视图

剖视图即利用一个假设的平面在选定的部位将物体剖开，将构件处于观察和剖切平面之间的前面部分拿掉，而将剖切平面和其后面部分再投影，得到的图形称为剖视图，如图 3-3 所示，机械图中常用剖视图表示构件的内部结构。

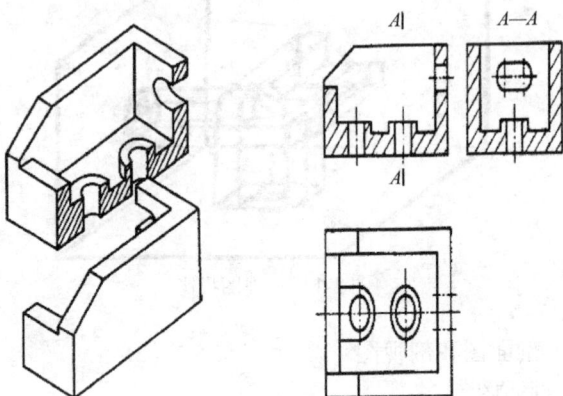

图 3-3 剖视图的画法

（4）局部放大图

机件上一些细小结构在视图表达的不够清楚，或不便标注尺寸时，可将这些部分作放大后画出，这种视图称为局部放大图，如图 3-4 所示。局部放大图用细实线标明放大部位，在放大图的上方注明放大比例。如有多处放大时，需用罗马数字编号。

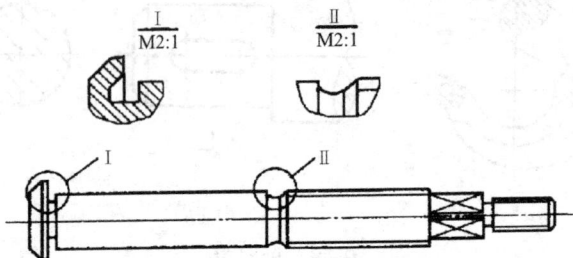

图 3-4 局部放大图的画法

3.1.2 机械制图的技术要求

机械制图的基本技术要求主要有表面粗糙度、公差与配合、形状公差和位置公差、零件的材料与热处理。

（1）表面粗糙度

零件的加工表面上由于加工而形成的表面微观几何形状误差称为表面粗糙度。其对零件的耐磨性、耐腐蚀性、抗疲劳强度及零件之间的配合有影响。国家标准（GB/T 1031 及 GB/T 131）对零件表面粗糙度的表示有明确规定。

（2）公差与配合

1）公差与配合的基本概念

① 偏差：指某一实际尺寸（或极限尺寸）减去基本尺寸所得到的代数差，偏差值可以为正值、负值或者为零。

② 极限偏差：指极限尺寸减去基本尺寸所得到的代数差，极限偏差有上偏差和下偏差。上偏差指最大极限尺寸减去基本尺寸所得到的代数差。下偏差指最小极限尺寸减去基本尺寸所得到代数差。

③ 尺寸公差：允许尺寸的变动量，即最大极限尺寸与最小极限尺寸间的差值。

④ 公差带：上偏差和下偏差之间的区域称为公差带，在公差带中零线表示基本尺寸，当零线画成水平位置时，正偏差线位于其上方，负偏差线位于其下方。

2）标准公差与基本偏差

① 标准公差：在极限与配合标准中规定的任一公差。标准公差分 20 个等级，IT01、IT0、IT1……IT18，IT 标志标准公差，公差等级的代号用阿拉伯数字表示。其中 IT01 级最高，IT18 级最低，标准公差值由基本尺寸和公差等级确定。

② 基本偏差：基本偏差用以确定公差带相对于零线位置的上偏差或下偏差，一般为靠近零线的那个偏差。

3）配合

配合：基本尺寸相同的相互结合的孔和轴公差带之间的关系。配合的种类分为间隙（孔的尺寸减去相配合的轴的尺寸之差为正）、过盈（孔的尺寸减去相配合的轴的尺寸之差为负）和过渡。

① 间隙配合：具有间隙（包括最小间隙等于零）的配合。此时，孔的公差带在轴的公差带之上。

② 过盈配合：具有过盈（包括最小过盈等于零）的配合。此时，孔的公差带在轴的公差带之下。

③ 过渡配合：可能具有间隙或过盈的配合。此时，孔的公差带与轴的公差带相互交叠。

（3）形状公差和位置公差

1）形状公差：单一实际要素的形状所允许的变动量。

2）位置公差：关联施加要素的位置对基准允许的变动量。

3.1.3 机械图的识读

机械图分为零件图和装配图两类。

（1）零件图的识读

零件是组成机械设备的最小单元，识读零件图是机械识图的基础。

识读零件图的基本要求是：

1）根据主观图，借助其他视图，了解零件的外部几何形状和内部结构特点。

2）根据图中标注出的零件各部尺寸，基本确定该零件的形状大小。

3）对结构复杂的零件，要结合各视图的剖面，想象出零件的结构形状。

（2）装配图的识读

1）首先应了解整个装配图的内容，通过标题栏了解各零件的名称及用途。

2）了解各部件的作用（传动、支承、调整、润滑、锁紧、密封等），搞清楚其相互之间的装配关系。利用图上所标注的公差和配合，了解各零件之间的配合性质。

3.2　金属材料一般知识及钢的热处理

3.2.1　金属材料的机械性能

机器零件和工具在工作时，常受到各种不同的外力。金属构件受外力作用时，所表现的抵抗破坏的能力，称为机械性能。

机械性能一般包括有强度、硬度、塑性、韧性、弹性、刚性和抗疲劳性等。

（1）强度

金属在外力（静载荷）作用下，所表现的抵抗变形或破坏的能力，叫强度。抵抗外力的能力越大，强度就越高。强度单位是以 kg/m^2 来表示的。

强度按载荷作用不同又分三种：

1）抗拉强度：外力是拉力时，材料表现出的抵抗能力叫抗拉强度。

2）抗压强度：外力是压力时，材料表现出的抵抗能力叫抗压强度。

3）抗弯强度：外力与材料轴线垂直，并在作用后使材料呈弯曲，这时材料的抵抗能力叫抗弯强度。

（2）硬度

金属抵抗比它硬的物体压入的能力，叫作硬度。金属被压以后，在它上面留下的压坑越小或越浅，硬度就越高。

常用的硬度有两种：

1）布氏硬度（HB）：用一定的负荷（一般为 3000kg），把一定大小（直径一般为 10mm）的淬硬钢球压在材料表面上，然后用材料表面上球印的表面积来除负荷，所得的商为硬度值。它的单位是 kg/mm^2，习惯上常把单位省略了。

用这种方法不能试验布氏硬度高于 450 的金属及金属薄片的硬度，并且不能在成品上应用，因为凹坑较大。

2）洛氏硬度（HRC）：用一定的负荷，把淬硬钢球或 120°

圆锥形金刚石压入器压在材料表面上，然后用材料表面上压印的深度来计算硬度大小。洛氏硬度没有单位。

（3）弹性

材料在外力作用下产生变形，当外力去除后能恢复原状的能力称为弹性。材料在弹性范围内，外力与变形成正比。金属材料能保持弹性变形的最大应力称为"弹性极限"，用 σ_p 表示。弹性极限的值愈大，说明该材料的弹性愈好，即承受较大的应力，而不致产生永久变形。机械和车辆上的弹簧材料，应具有高的弹性极限，保证弹簧不发生永久变形。

（4）刚性

金属材料受力时能抵抗变形的能力称为刚性。如机床的床身、刀架、顶尖轴、主轴以及钢架桥梁、起重机的悬臂等都要求有良好的刚性。

（5）塑性

金属在外力作用下不发生破坏的永久变形的能力。金属受力时，产生塑性变形的程度越大，则塑性越好，塑性大小可用延伸率 δ 来表示。延伸率是指材料受拉力作用断裂时，伸长的长度与原有长度的百分比（%）。

（6）韧性

金属在冲击力作用下，仍不被破坏的能力，抵抗冲击的能力越大，则韧性越好。

（7）抗疲劳性

金属在长期交变外力作用下，仍不破坏的能力。衡量抗疲劳性大小的指标是疲劳强度。

不同的金属材料，具有不同的机械性能，有的强度大，有的韧性好。不同的机器零件和工具，应有不同的机械性能要求，例如对刀具的要求以硬度高为主；机器零件以强度和韧性为主。因此，只有在充分掌握材料机械性能的基础上，才能了解金属的应用范围。

3.2.2 黑色金属

工业上将金属材料分为黑色金属和有色金属两大类。黑色金属是指钢、铸铁和铁合金，钢又分为碳素钢和合金钢。黑色金属材料以外的金属材料称为有色金属。

（1）碳素钢

碳素钢的含碳量不大于2%。钢按含碳量的不同可分为低碳钢（C＜0.25%）、中碳钢（C＝0.25%～0.6%）和高碳钢（C＝0.6%～1.3%）三种。它还含有少量硫、磷、硅、锰等杂质。碳是决定钢性能最主要的元素，其他杂质也有一定影响。

在碳素钢中，随着碳的含量增加，它的强度和硬度不断提高，而塑性、韧性不断降低，但增加太多时，反而使强度降低。

硫和磷均是碳素钢中的有害杂质。磷会使钢的塑性和韧性降低，即冷脆，所以磷的含量应限制在0.085%以下。硫的含量过大会使碳钢在加热（1000～1200℃）锻压时极易破裂，即热脆，所以硫的含量应限制在0.07%以下，对机械性能要求不高的钢，为了改善切削性能，含硫量可增至0.18%～0.3%。

碳素钢按用途可分类为碳素结构钢和碳素工具钢。

（2）合金钢

在钢中加入一种或数种合金元素，以获得特定性能的钢叫作合金钢。可加入钢中的合金元素有锰（含量大于0.8%）、硅（含量大于0.5%）、铬、镍、钼、钨、钒、铝、钛、硼等，它们一般都是在熔炼过程中加入的。

加入合金元素的目的是，增加强度和硬度，并具有较高的塑性和韧性，此外还能提高耐磨、不锈、耐酸等性能，还能减少淬火时产生裂纹的现象。

（3）铸铁

铸铁是一种铁碳合金，碳含量较高，一般在2.0%以上，还含有硅、锰、硫及其他元素。

铸铁的机械性能较差，但是比钢便宜，并具有优良的铸造性，在工业上得到广泛的应用。铸铁分白口铸铁、灰口铸铁、球墨铸铁、可锻铸铁和合金铸铁等。

1）白口铸铁

白口铸铁性质硬而脆，不能切削加工，用于承受强烈挤压和磨损的零件，如拉丝模、球磨机、轧辊等。

2）灰口铸铁

灰口铸铁的断面呈暗灰色，它具有下列一些特点：抗拉强度小，很容易拉断，抗压强度大（与抗拉强度相比）；硬度低，性质较软，所以容易切削；塑性差，不能进行压力加工；有良好的铸造性能，就是熔点低、流动性好、冷却凝固时收缩量小。

3）球墨铸铁

在铸铁的铁水中，加入球化剂（镁或镁合金），使铸铁中石墨成球状，经过球化处理所得到的铸铁叫作球墨铸铁。

球墨铸铁的强度很高，浇铸后的铸件其机械性能为 $\sigma_b = 45 \sim 60 kg/mm^2$。经过正火处理后，它的机械性能可进一步得到改善，并具有一定的韧性和塑性，其成本又比钢低。

球墨铸铁一般用来制曲轴、轴套及大型轧钢轧辊、齿轮等。

4）可锻铸铁

将一定成分的白口铁铸件（含碳 2.2% ～ 2.8%、含硅 0.6% ～ 1.4%）经过长期高温退火，而获得的铸铁叫作可锻铸铁。

可锻铸铁并不能锻造，这个名称仅表示它比普通铸铁具有较高的韧性和塑性。

可锻铸铁用来制造一些形状复杂、强度和韧性要求较高的小截面铸件，如管子接头，炮上某些零件等。

3.2.3　钢的热处理

钢的热处理是利用固态金属采用适当的方式进行加热保温和冷却的方法来改变钢的内部组织，从而达到改善钢的性能的一种工艺方法。它不改变钢的化学成分和形状；但能提高零件使用性能，充分发挥钢材的潜力，延长零件的使用寿命。

常用的热处理方法有退火、正火、淬火、回火、调质、时效处理和表面热处理及发黑处理。

（1）退火

将钢件加热到临界温度以上（不同钢号它的临界温度也不同，一般是 710 ～ 750℃，个别合金钢到 800℃ 或 900℃），在此温度停留一定时间，然后缓慢冷却（一般随炉冷却）的过程叫作退火。

退火的目的：降低硬度，提高塑性，便于切削加工；细化晶粒，均匀组织及成分，以改善钢的机械性能，或者为下步淬火作好准备；消除内应力。

退火的方法有完全退火、球化退火、去应力退火。

（2）正火

将钢件加热到临界温度以上 30 ～ 50℃，在此温度停留一定时间，然后放在空气中冷却的过程称为正火。正火冷却速度比退火快，加热和保温时间与退火一样。

正火主要用于普通结构钢零件，当力学性能要求不太高时，可作最终热处理，可改善低碳钢或低碳合金钢的切削加工性能；作为预备热处理消除共析钢中网状碳体，改善钢的力学性质并为以后热处理作准备。

正火实质上是退火的一种特殊形式，具有与退火相似的目的，所不同的是冷却速度比退火快，可以缩短生产周期，比较经济。

（3）淬火

将钢件加热到临界点以上某一温度，保温一段时间，然后在水、盐水或油中（个别材料在空气中）急速冷却的过程叫作淬火。

淬火的目的是提高钢件的硬度和强度。对于工具钢来说，淬火的主要目的是提高它的硬度，以保证刀具的切削性能和冲模工具及量具的耐磨性。对于中碳钢制造的机件来说，淬火是为以后的回火作好结构和性能准备，因为高强度和高韧性并不能淬火后同时得到，而是再经过回火处理后才获得的。

（4）回火

将脆硬的钢件加热到临界点以下的温度，保温一段时间，然后在空气中或油中冷却下来的过程叫作回火。

回火的目的是：

1）消除或减少工件淬火时产生的内应力，防止工件在使用过程中的变形和开裂；

2）通过回火提高钢的韧性，适当调整钢的强度和硬度，使工件达到要求的力学性能以满足各种工件的需要；

3）稳定组织使工件在使用过程中不发生组织转变，从而保证工件形状和尺寸不变，保证工件的精度。常用的回火方法有低温回火、中温回火、高温回火。

（5）调质

淬火后高温回火，叫作调质。

调质的目的是使钢件获得很高的韧性和足够的强度，使其具有良好的综合性能。很多重要零件如主轴、丝杆、齿轮都是经过调质处理的。

调质一般是在零件机械加工以后进行，也可把锻坯或经过粗加工的光坯调质后再进行机加工。

（6）时效处理

为了消除毛坯制造时产生的内应力，以防止或减少由于内应力引起变形所采用的处理方法叫作时效处理。

自然时效是将要加工的机件，先在需要加工的表面上进行粗加工，然后在露天中停放一个时期；或将机件（如丝杆）吊挂数天，使其内应力逐渐的削弱。自然时效效果好，但周期长效率低。

人工时效是将机件在低温回火后，精加工之前，加热到 $100 \sim 160 ℃$，保持 $10 \sim 40h$，然后慢慢冷却。人工时效效率高，但要花一定费用。

（7）表面热处理

表面热处理是通过改变钢件表层的化学成分，从而改变表层组织和性能的热处理方法，它和一般热处理方法不同。

1）钢的渗碳，钢件表面把碳原子渗入的过程叫作渗碳。渗碳用于低碳钢和低合金钢（含碳量 0.1% ～ 0.25%），含碳量高于 0.3% 的钢很少用。

钢件经过渗碳并淬火以后具有高的表面硬度（HRC = 60 ～ 65）和耐磨性，而中心仍保持高的韧性。一些受冲击的耐磨零件，如轴、齿轮、凸轮、活塞销等零件大都有进行渗碳。

2）钢的渗氮，钢件表面渗入氮原子的过程叫渗氮。渗氮多用于含铝、铬、钼等元素的中碳合金钢。

钢件经过渗氮后，能提高表层的硬度、耐磨性、耐腐蚀性和疲劳强度。重要的螺栓、螺帽、销钉等零件常用这种方法。

3）钢的氰化，钢件表面同时渗入碳和氮原子的过程叫作氰化。氰化不但适用于中碳钢、低碳钢或合金钢，还可用于高速钢刀具。经过氰化的钢件表面硬度和耐磨性都可提高。

（8）发黑处理

将金属零件放在很浓的碱和氧化剂溶液中加热氧化，使金属表面产生一层带有磁性的四氧化三铁薄膜的过程叫作发黑处理。

发黑处理属于氧化处理方法的一种，它的主要目的是金属表面防锈，增加金属表面美观和光泽，消除淬火过程中的应力作用。

发黑处理主要应用于碳素钢和低碳合金工具钢。由于材料和其他因素的影响，发黑层薄膜颜色有蓝黑色、黑色、红棕色、棕褐色等不同，其组织较致密，厚度为 0.6 ～ 0.8μm 左右。

3.3 机械零件一般知识

3.3.1 键及键联接

键是用来联接轴和轴上的转动件。用键联接的零件是可以拆卸的。联接时，键安装在轴的键座和零件的键槽中。键有斜键、平键、半圆键和花键四种。

键是标准件，根据键在联接时的松紧状态不同，可分为松键联接和紧键联接两类。

（1）松键联接

常用的松键联接有：平键联接、半圆键联接、花键联接。

松键联接以键的两侧面为工作面，故键宽与键槽需紧密配合，而键的顶面与轴上零件之间有一定的间隙。因此松键联接时轴与轴上零件联接时的对中性好，特别在高速精密传动中应用更多。但松键联接不能承受轴向力，所以轴上零件需要轴向固定时，则需应用其他固定方法。

1）平键联接

平键分为普通平键、导向平键和滑键三种。

① 普通平键：如图 3-5 所示，这种键应用最广。根据端部结构不同，分为圆头（A 型）、方头（B 型）和单圆头（C 型）三种。A 型平键用于端铣刀加工的轴槽，常用于轴的中部。B 型平键用于盘铣刀加工的轴槽，常用于轴端或轴的中部。C 型平键一般用于轴端的联接。

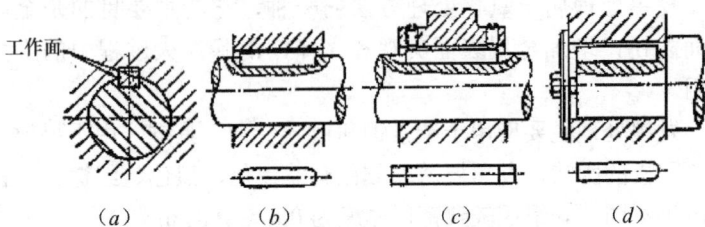

图 3-5　普通平键

（a）普通平键；（b）圆头；（c）方头；（d）单圆头

② 导向平键和滑键：当轴上零件在工作过程中需作轴向移动时，则需采用由导向平键或滑键组成的动联接，如图 3-6 所示。导向平键用螺钉固定在轴上的键槽中，工作时键对轴上滑动零件起导向作用，其端部有圆头（A 型）和平头（B 型）两种。当零件滑移距离较大时，宜采用滑键，滑键是将键固定在轮毂

上，并与轮毂一起在轴上的键槽中滑动。

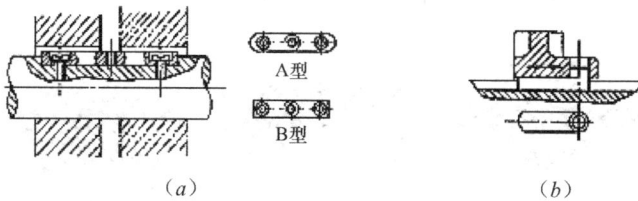

图 3-6　导向平键和滑键
（a）导向平键联接；（b）滑键联接（键槽已截短）

2）半圆键联接

如图 3-7 所示，半圆键呈半圆形，轴槽也是相应的半圆形，轮毂槽开通。半圆键能绕槽底圆弧摆动，这样能自动适应轮毂的装配。半圆键工作时靠其侧面来传递转矩。这种键联接的优点是工艺性较好，装配方便；缺点是轴上键槽较深，对轴的强度削弱较大，主要用于轻载或辅助性联接中，尤其适用于锥形轴与轮毂的联接。

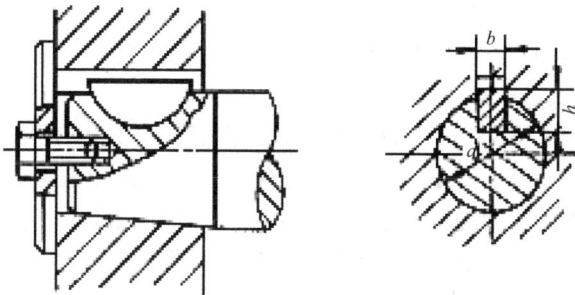

图 3-7　半圆键联接

3）花键联接

花键联接是由带键齿的花键轴和带键齿的轮毂所组成。应用特点是工作时依靠键齿的侧面来传递转矩，由于联接的键齿较多，因此能传递较大的载荷，且轴上零件与轴的对中性和沿轴向移动的导向性都较好。同时由于键槽较浅，故对轴的强度削弱较小。但其加工复杂、成本较高、多用于载荷较大和定心精度要求较高的场合或轮毂经常作轴向滑移的场合。

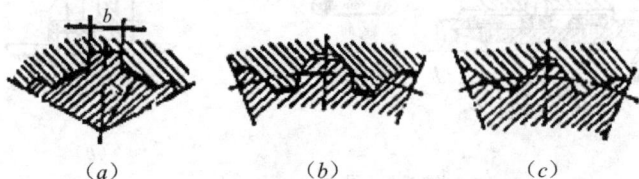

图 3-8　花键联接
（a）矩形花键；（b）渐开线花键；（c）三角形花键

按其齿形不同，分为矩形花键、渐开线花键和三角形花键三种，其中以矩形花键应用最广。

① 矩形花键：它的齿侧面为两平行平面，如图 3-8（a）所示。

② 渐开线花键：它的齿形为压力角 30°（或 45°）的渐开线，如图 3-8（b）所示。

③ 三角形花键联接：内花键齿形为直线齿形，外花键齿形为压力角 45°的渐开线，如图 3-8（c）所示。

（2）紧键联接

常用的紧键联接有：楔键联接和切向键联接。

1）楔键联接

楔键上下面是工作面，键的上表面有 1∶100 的斜度，轮毂键槽的底面有 1∶100 的斜度。把楔形键打入轴和轮毂时，表面产生很大的预紧力，工作时主要靠摩擦力传递扭矩，并能承受单方向的轴向力。缺点是会迫使轴和轮毂产生偏心，仅适用于对定心要求不高、载荷平稳和低速的联接。

2）切向键联接

由两个斜度为 1∶100 的楔键组成。其上下两面（窄面）为工作面，其中之一面在通过轴心线的平面内。工作面上的压力沿轴的切线方向作用，能传递很大的转矩。一个切向键只能传递一个方向的转矩，传递双向转矩时，须用互成 120°～130°角的两个键。

46

3.3.2 销及销联接

销主要有圆柱形和圆锥形两种销，其他形式是由此演化而来的。普通圆柱销分 A、B、C、D 四种型号，适用于不常拆卸的零件定位；普通圆锥销分 A、B 两种型号，A 型精度高，圆锥销适用于经常拆卸的零件定位。

销联接的主要功用是：定位、传递运动和动力，以及作为安全装置中的过载剪断零件。

（1）作定位零件

固定零件间的相互位置，起这种作用的圆柱销或圆锥销，通常称为定位销。

图 3-9 所示为应用圆锥销实现定位的示例，因为圆锥销具有 1∶50 的锥度，具有可靠的自锁性，可以在同一销孔中经多次装拆而不影响被联接零件的相互位置精度。定位销一般不承受载荷或只承受很小的载荷，直径可按结构要求来确定。使用的数目不得少于两个。销在每一联接件内的长度约为销直径的 1～2 倍。

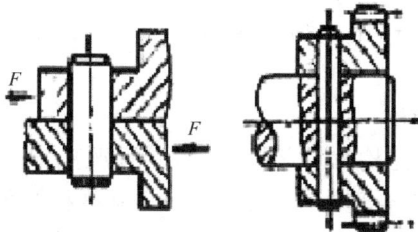

图 3-9　作定位零件

（2）传递横向力和转矩

使用圆柱销或圆锥销可传递不大的横向力或转矩，如图 3-10 所示。圆柱孔需铰制，依靠过盈配合而联接紧固。

（3）作安全装置中的被切断零件

在传递横向力或转矩过载时，销就会被剪断，从而保护了联接件，这种销称为安全销。安全销可用于传动装置的过载保护，如安全联轴器等过载时的被剪断零件。

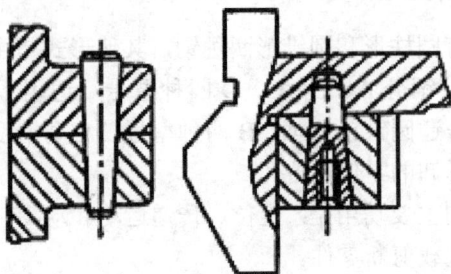

图 3-10　传递横向力或转矩

3.3.3　轴及轴向固定、轴向定位

轴按荷载性质不同可以分为心轴、转轴和传动轴三种。

心轴的应用特点是用来支撑传动的零件，只受弯曲作用而不传递动力。

转轴的应用特点是既支撑转动的零件又传递动力，转轴本身是转动的，同时承受弯曲和扭转两种作用。

传动轴的应用特点是传递动力，只受扭转作用而不受弯曲，或者弯曲作用很小。

（1）轴的结构

在考虑轴的结构时，应满足三方面的要求，即：

1）轴的受力合理，以利于提高轴的强度和刚度。

2）安装在轴上的零件，要能牢固而可靠的相对固定（轴向、轴向固定）。

3）轴上结构应便于加工、便于装拆和调整，并尽量减少应力集中。

（2）轴向固定、轴向定位

1）轴向固定

目的是保证零件在轴上有确定的轴向位置，防止零件作轴向移动，并能承受轴向力。采用轴肩、轴环、弹性挡圈、螺母、套筒、轴端挡圈、圆锥面和紧定螺钉等结构均可起到轴向固定的目的。

2）轴向定位和固定

目的是为了保证零件传递转矩，防止零件与轴产生相对转动。实际使用时，常采用键、花键、销、紧定螺钉、过盈配合、非圆轴等结构均可起到周向定位和固定的作用。

3.3.4 轴承

支承轴颈的部分叫轴承，任何一种轴都要由轴承支承起来才能工作，因此轴承在建筑机械中是重要的部件。其作用是支承轴及轴上零件，保持轴的旋转精度和减少轴与支承间的摩擦和磨损。机械性能的好坏，寿命的长短，常决定于轴承的选择是否正确。

轴承按照工作时摩擦性质不同，可分为滑动轴承和滚动轴承。

（1）滑动轴承

滑动轴承由轴承座、轴瓦和并紧螺帽组成。主轴在轴瓦中旋转，产生滑动摩擦。

（2）滚动轴承

在高速旋转的机器上，为减少摩擦和磨损，可以采用滚动轴承。

滚动轴承按其所能承受的载荷方向或公称接触角的不同，分为：向心轴承、推力轴承；

滚动轴承按滚动体的种类，分为：球轴承、滚子轴承；

滚动轴承按其能否调心，分为：调心轴承、非调心轴承；

滚动轴承按滚动体的列数，分为：单列轴承、双列轴承、多列轴承。

（3）滑动轴承和滚动轴承的特点

1）滑动轴承适用于高速、高精度、重载和有较大冲击的场合，也应用于不重要的低速机器中。

2）滚动轴承具有摩擦阻力小、启动灵敏、效率高；可用预紧的方法提高支承刚度与旋转精度；润滑简便和有互换性等优点。主要缺点是抗冲击能力较差；高速时出现噪声和轴承径向尺寸大；

与滑动轴承相比，寿命较低。滚动轴承的基本构造如图 3-11 所示。滚动轴承一般由内圈 1、外圈 2、滚动体 3 和保持架 4 组成。内外圈上通常制有沟槽，其作用是限制滚动体轴向位移和降低滚动体与内外圈间的接触应力。内外圈分别与轴颈和轴承座配合，通常是内圈随轴颈转动而外圈固定不动，但也有外圈转动而内圈固定不动，当内、外圈相对转动时，滚动体就在滚道内滚动。保持架的作用是使滚动体等距分布，并减少滚动体间的摩擦和磨损。

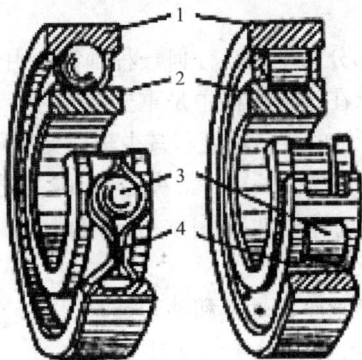

图 3-11　滚动轴承的基本构造
1—内圈；2—外圈；3—滚动体；4—保持架

3.3.5　螺纹

螺纹应用得非常广泛。螺纹的主要作用是把两个（或更多）零件联接起来，称为联接螺纹。用来传递动力用的称为传动螺纹。螺纹分为左旋螺纹和右旋螺纹，一般为右旋螺纹。

（1）螺纹的种类

1）三角螺纹

如图 3-12（a）所示，三角形螺纹有以下几种：

① 公制螺纹

公制螺纹的牙形为正三角形，牙形角为 60º。按螺距的大小分为普通粗牙螺纹和普通细牙螺纹两类。普通粗牙螺纹用字母 M 表示，如 M16 表示公称直径为 16mm，螺距为 2mm 的粗

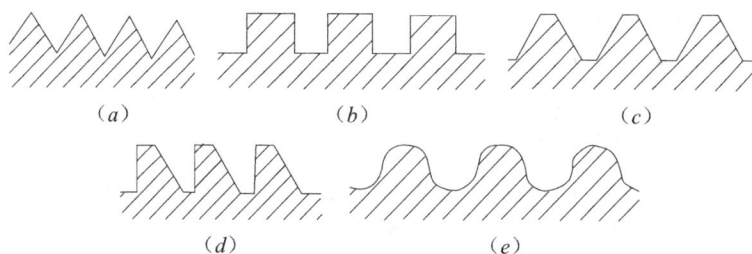

图 3-12　螺纹的种类
（a）三角螺纹；（b）矩形螺纹；（c）梯形螺纹；
（d）锯齿螺纹；（e）圆形螺纹

牙螺纹。普通细牙螺纹用"字母及公称尺径×螺距"表示，如 M10×1.25，表示公称直径 10mm，螺距为 1.25mm 的细牙螺纹。公制螺纹应用最广泛。

② 英制螺纹

英制螺纹只用于制造国外进口的一些机器的配件上。牙形角为 55°。习惯上用公称直径（单位为吋）及每英寸牙数表示，尺寸单位采用代号。如 7/16″×14 表示公称直径为 7/16 英寸的粗牙（每英寸 14 牙）的英制螺纹。

③ 管螺纹

管螺纹用于管端，因管壁较薄，不宜采用普通尺寸的螺纹，它的公称直径是管子的内径（以吋计），如 G3/4″-2 左，表示公称直径 3/4″ 的管螺纹，精度 2 级，左旋（右旋不标）。

2）矩形螺纹

如图 3-12（b）矩形螺纹的牙型一般是正方形，牙厚为螺距的一半，效较高，对中准确性较差。

3）梯形螺纹

如图 3-12（c）梯形螺纹的牙型为等腰梯形，广泛应用于传力螺旋传动中，加工工艺性好，牙根强度高，但螺纹副对中性精度差。

4）锯齿型螺纹

如图 3-12（d）锯齿型螺纹的牙型为不等边梯形。效率较矩形螺纹略低，而强度较大，多用于单相传力的起重螺旋等。

5）圆螺纹

如图 3-12（e）圆螺纹的外轮廓是半圆形。

（2）常用的螺纹联接件

1）螺栓与螺钉

螺栓与螺钉的联接按其用途可分为紧固用的、紧定用的、堵塞用的和特殊用的等，其中紧固用得最多，一般按其头部形状可分为六角头、四方头、圆柱头、半圆头、带榫的、方颈的等。

2）螺母

螺母或称螺帽，主要是配合螺栓、螺钉等作联接固定用，其形状有六角、四方、带槽的、蝶形的等。

3）垫圈

① 光垫圈：起隔离零件表面、分散零件表面压力的作用。

② 弹簧垫圈：防止螺母或其他连接件回松。

③ 止退垫圈：能承受反向回转力矩，有单耳、双耳、外舌、内舌、圆螺母等止退垫圈。

④ 特殊垫圈：能起各种特殊作用的垫圈，如球面垫圈、锥面垫圈、开口垫圈等。

⑤ 弹性挡圈：主要用作防止零件的轴向位移。用在轴上或孔内，防止滚动轴承、齿轮等轴向位移，通常称为卡簧。

（3）螺纹联接的基本类型

螺纹联接是利用螺纹零件构成可拆卸的固定联接。螺纹联接具有结构简单、紧固可靠、装拆迅速方便的特点，因此应用极为广泛。

螺纹联接的基本类型有螺栓联接、双头螺柱联接、螺钉联接和紧定螺钉联接四种，它们的特点及应用如下：

1）螺栓联接

螺栓穿过被联接件的通孔，与螺母组合使用，结构简单、装拆方便，适用于被联接件厚度不大且能够从两面进行装配的场合。

2）双头螺柱联接

将螺柱上螺纹较短的一端旋入并紧定在被联接件之一的螺纹孔中，不再拆下，适用于被联接件之一较厚不宜制作通孔及需经常拆卸，联接紧固或紧密程度要求较高的场合。

3）螺钉联接

螺钉穿过较薄被联接件的通孔，直接旋入较厚被联接件的螺纹孔中，不用螺母，结构紧凑，适用于被联接之一较厚，受力不大，且不经常装拆，联接紧固或紧密程度要求不太高的场合。

4）紧定螺钉联接

利用螺钉的末端顶住另一被联接件的凹坑中，以固定两零件的相对位置，可传递不大的横向力或转矩。

上述连接件国家都纳入标准制造，种类的形状与尺寸都有相应的规定。

3.3.6　高强度螺栓

（1）高强度螺栓的定义

普通螺栓的材料一般是 Q235 制造，性能等级一般为 4.4 级、4.8 级、5.6 级。

螺栓的性能等级在 8.8 级以上者，称为高强度螺栓。高强度螺栓的材料一般是 45 号钢、35CrMoA 或其他优质材料，制成后进行热处理，提高了强度。高强度螺栓可承受的载荷比同规格的普通螺栓要大。常见的高强度螺栓有高强度外六角螺栓、高强度T 形槽螺栓和扭剪型高强度螺栓，如图 3-13 所示。

（a）　　　　　　　（b）　　　　　　　（c）

图 3-13　常见的高强度螺栓

（a）高强度外六角螺栓；（b）高强度 T 形槽螺栓；（c）扭剪型高强度螺栓

（2）高强度螺栓的受力特点

普通螺栓连接靠栓杆抗剪和孔壁承压来传递剪力，拧紧螺帽时产生预拉力很小，其影响可以忽略不计，而高强度螺栓通过施加预拉力，靠摩擦力传递外力，螺栓连接施加很大预拉力，使连接构件间产生挤压力，从而使垂直于螺杆方向有很大摩擦力，而且预拉力、抗滑移系数和钢材种类都直接影响高强度螺栓的承载力。

高强度螺栓连接具有施工简单、受力性能好、可拆换、耐疲劳，以及在动荷载作用下不致松动等优点。

高强度螺栓实际上有摩擦型和承压型两种：

1）摩擦型高强度螺栓承受剪力的准则是设计荷载引起的剪力不超过摩擦力。

2）承压型高强度螺栓则是以杆身不被剪坏或板件不被压坏为设计准则。

（3）高强度螺栓使用

1）螺栓、螺母、垫圈均应附有质量证明书。

2）高强度螺栓应按规格分类存放，并防雨、防潮，保持洁净、干燥状态。

3）必须按批号，同批内配套使用，不得混放、混用。

4）遇有螺栓、螺母不配套，螺纹损伤时，不得使用。

5）螺栓、螺母、垫圈有下列情况为不合格品，禁止使用：

① 来源（制造厂）不明者。

② 机械性能不明者。

③ 扭矩系数 k 不明者。

④ 有裂纹、伤痕、毛刺、弯曲、铁锈、螺纹磨损、油污、被水淋湿过或有缺陷者。

⑤ 未附带性能试验报告者。

⑥ 与其他批号螺栓混合者。

⑦ 长度不够的螺栓，即拧紧后螺栓头露不出螺母端面者。一般取伸出螺母端面的长度以 2～3 扣螺纹为宜。

（4）高强度螺栓安装

1）安装时组件摩擦面应保持清洁干燥。

2）安装时禁止锤击打入螺栓以防止螺栓丝扣受损。

3）使用活动扳手的扳口尺寸应于螺母的尺寸相符，不应使用小扳手上加套管。高空中作业应使用死扳手，如用活扳手时用绳子拴牢，安装人员要系好安全带。

4）安装时高强度螺栓应自由穿入孔内，不得强行敲打。扭剪型高强度螺栓的垫圈安在螺母一侧，垫圈孔有倒角的一侧应和螺母接触，不得装反（大六角头、高强度螺栓的垫圈应安装在螺栓头一侧和螺母一侧，垫圈孔有倒角一侧应和螺栓头接触，不得装反）。螺栓不能自由穿入时，不得用气割扩孔。

5）螺栓穿入方向宜螺杆在下，螺母在上，穿入高强度螺栓后用扳手紧固。

6）高强度螺栓的紧固必须分两次进行，第一次为初拧。初拧紧固到螺栓标准轴力（即设计预拉力）的 60%～80%，初拧的扭矩值不得小于终拧扭矩值的 30%。第二次紧固为终拧，终拧时扭剪型高强度螺栓应将梅花卡头拧掉。如为螺栓群，所有螺栓受力应均匀，初拧、终拧都应按一定顺序进行。

3.3.7　带传动

（1）带传动是用带做中间挠性件，靠摩擦力工作的一种传动。按带的剖面形状来分有平型带、三角带和圆型带。平型带是利用底面与带轮之间的摩擦来传递动力，三角带则靠两斜面与带轮之间的摩擦力来传递动力，圆型带传递动力较小，只用于小功率的机器和仪器上。

（2）在带传动中，由于传动带长期受到拉力的作用，将会产生永久变形，使带的长度增加，因而造成张紧能力减小，张紧变为松弛和传动能力降低。为了保持带在传动中的能力，所以带传动要有张紧装置。常用的张紧方法有调整中心距、使用张紧轮。

（3）带轮的包角：带与带轮接触的弧长所对应的中心角称

为带轮的包角。包角越大，接触的弧长就越长，接触面之间所产生的摩擦力总和就越大，从而能保证传动。一般使用时包角$\alpha \geqslant 120°$。

（4）带传动具有过载保护功能。

3.3.8 齿轮传动

齿轮传动在建筑机械中应用比较广泛，它是利用齿轮间齿与齿的压力来传动的，两个齿轮互相配合在一起工作，称为齿轮的啮合。齿轮传动属刚性传动。

（1）对齿轮传动的基本要求。采用齿轮传动时，因啮合传动是个比较复杂的运动过程，对其要求是：

1）传动要平稳。要求齿轮在传动过程中，任何瞬时的传动比保持恒定不变，以保持传动的平稳性，避免或减少传动中的噪声、冲击和振动。

2）承载能力强。要求齿轮的尺寸小，重量轻，而承受载荷的能力大，即要求强度高，耐磨性好，寿命长。

（2）齿轮传动的分类：

齿轮类型很多，各种齿轮形状不同，最常见的有圆柱形齿轮、圆锥形齿轮、蜗轮蜗杆等几种。

（3）齿轮的传动比：

主动齿轮与从动齿轮的转速（角速度）之比称为齿传动的传动比。表示方法：

$$i = n_1/n_2 = z_2/z_1 \tag{3-1}$$

式中　i——齿轮的传动比；

　　　z_1——主动齿轮的齿数；

　　　z_2——从动齿轮的齿数；

　　　n_1——主动齿轮的转速；

　　　n_2——从动齿轮的转速。

（4）齿轮的失效：

齿轮的传动中，在载荷的作用下，如果发生折断，齿面损坏等现象，则齿轮就失去了正常工作能力，称为齿轮的失效。它的失效形式有轮齿的点蚀、齿面磨损、齿面度胶合、轮齿折断、塑性变形。

3.3.9 蜗轮蜗杆传动

图 3-14　蜗轮与蜗杆

蜗轮蜗杆传动多用于空间两交叉在 90° 的传动。蜗轮实际上是一个斜齿轮，而蜗杆是一种梯形螺纹。这种传动中，蜗轮通常为从动件，而蜗杆为主动件。

蜗轮蜗杆传动的传动比：

$$i = n_1/n_2 = z_2/z_1 \qquad (3-2)$$

式中　i——蜗轮蜗杆传动的传动比；

n_1——蜗杆的转速；

n_2——蜗轮的转速；

z_1——蜗杆的头数（即有几根螺旋线）；

z_2——蜗轮的齿数。

3.3.10 链传动

（1）链传动的类型

链传动是以链条为中间传动件的啮合传动，如图 3-15 所示。链传动由主动链轮、从动链轮和绕在链轮上并与链轮啮合的链条组成。

按照用途不同，链可分为起重链、牵引链和传动链三大类。起重链主要用于起重机械中提起重物，其工作速度 $v \leqslant 0.25\text{m/s}$ ；牵引链主要用于链式输送机中移动重物，其工作速度 $v \leqslant 4m/s$；传动链用于一般机械中传递运动和动力，通常工作速度 $v \leqslant 15m/s$。

传动链有齿形链和滚子链两种。齿形链是利用特定齿形的链片和链轮相啮合来实现传动的，如图 3-16 所示。齿形链传动平稳，噪声很小，故又称无声链传动。齿形链允许的工作速度可达 40m/s，但制造成本高，重量大，故多用于高速或运动精度要求较高的场合。本章重点讨论应用最广泛的套筒滚子链传动。

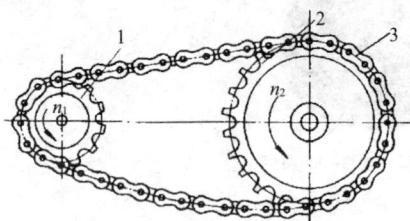
图 3-15 链传动

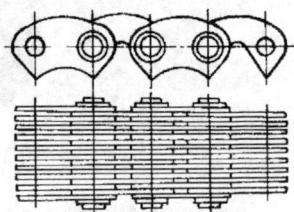
图 3-16 齿形链

（2）链传动的特点

1）和带传动相比，链传动能保持平均传动比不变、传动效率高、张紧力小，因此作用在轴上的压力较小，能在低速重载和高温条件下及尘土飞扬的不良环境中工作。

2）和齿轮传动相比，链传动可用于中心距较大的场合且制造精度较低。

3）只能传递平行轴之间的同向运动，不能保持恒定的瞬时传动比，运动平稳性差，工作时有噪声。

4）通常链传动传递的功率 $P \leqslant 100kW$，中心距 $a \leqslant 5 \sim 6m$，传动比 $i \leqslant 8$，线速度 $v \leqslant 15m/s$，广泛应用于农业机械、建筑工程机械、轻纺机械、石油机械等各种机械传动中。

（3）失效形式

链传动的失效形式主要有以下几种：

1）链板疲劳破坏。链在松边拉力和紧边拉力的反复作用下，经过一定的循环次数，链板会发生疲劳破坏。正常润滑条件下，链板疲劳强度是限定链传动承载能力的主要因素。

2）滚子、套筒的冲击疲劳破坏。链传动的啮入冲击首先由滚子和套筒承受。在反复多次的冲击下，经过一定循环次数，滚子、套筒可能会发生冲击疲劳破坏。这种失效形式多发生于中、高速闭式链传动中。

3）销轴与套筒的胶合润滑不当或速度过高时，销轴和套筒的工作表面会发生胶合。胶合限定了链传动的极限转速。

4）链条铰链磨损。铰链磨损后链节变长，容易引起跳齿或脱链。开式传动、环境条件恶劣或润滑密封不良时，极易引起铰链磨损，从而急剧降低链条的使用寿命。

5）过载拉断。这种拉断常发生于低速重载的传动中。

3.3.11 行星齿轮传动

（1）行星齿轮传动的概念

一个或一个以上齿轮的轴线绕另一齿轮的固定轴线回转的齿轮传动叫作行星齿轮传动，如图 3-17 所示。行星齿轮既绕自身的轴线回转，又随行星架绕固定轴线回转。太阳轮、行星架和内齿轮都可绕共同的固定轴线回转，并可与其他构件联接承受外加力矩，它们是这种轮系的三个基本件。三者如果都不固定，确定机构运动时需要给出两个构件的角速度，这种传动称差动轮系；如果固定内齿轮或太阳轮，则称行星轮系。通常这两种轮系都称行星齿轮传动。

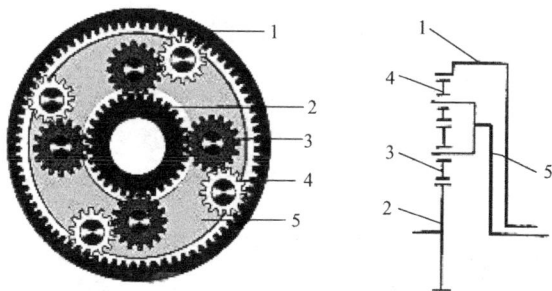

图 3-17　行星齿轮传动示意图

1—内齿圈；2—太阳轮；3—内行星轮；4—外行星轮；5—行星架

（2）行星齿轮传动的特点

行星齿轮传动的主要特点是体积小、承载能力大、工作平稳，但大功率高速行星齿轮传动结构较复杂、要求制造精度高。行星齿轮传动应用广泛，并可与无级变速器、液力耦合器和液力变矩器等联合使用，进一步扩大使用范围。

第4章　液压传动知识

4.1　液压传动的意义

当今建筑机械中使用液压系统十分广泛。尽管还有电气系统、气动系统或机械系统可供选择利用，但是液压系统已越来越多地得到应用。例如在上回转自升式塔式起重机上，利用液压系统将塔机上部顶起或者降下，从而引入或引出塔身标准节，实现塔机的升节或者降节。

为什么使用液压系统？原因很多，部分原因是液压系统在动力传递中具有用途广、效率高和简单的特点。液压系统的任务就是将动力从一种形式转变成另一种形式。

4.2　液压传动的定义和工作原理

部完整的机器一般主要由原动机、传动机构和工作机三部分组成，由于原动机的功率和转速变化范围有限，为了适应工作机的工作力矩（转矩）和工作速度（转速）变化范围较宽的要求，以及其他操纵性能（如停车、换向等）的要求，在原动机和工作机之间设置了传动机构（或称传动装置）。传动机构通常分为机械传动、电气传动和流体传动机构。流体传动机构是以流体为工作介质进行能量转换、传递和控制的传动，包括液体传动和气体传动。

液体传动是以液体为工作介质的流体传动，包括液力传动和液压传动。

液压传动是主要利用液体压力能的传动。

4.2.1 帕斯卡定律和基本方程式

加在密闭液体任一部分的压强，必然按其原来的大小，由液体向各个方向传递。这就是帕斯卡定律。在帕斯卡定律中，压强和作用力之间有两个重要的关系，它们是以下两项等式：

$$P = F/A \qquad F = P \cdot A \qquad (4\text{-}1)$$

式中　F——作用力；

　　　P——压强；

　　　A——面积。

液压传动机正是根据这一原理制成。下面就用一个简单的装置说明其工作原理。如图 4-1 所示，A1、A2 为两个直径不同的液压缸，底部用管道连接，缸内充满液体。设液压缸 A1 中的活塞面积 $S_1 = 10\text{cm}^2$，油缸 A2 中的活塞面积 $S_2 = 100\text{cm}^2$。当在液压缸 A1 的活塞上加力 $F_1 = 10\text{kN}$ 时，液压缸 A1 中的液体单位面积受压强为：$F_1/S_1 = 1\text{kN/cm}^2$。

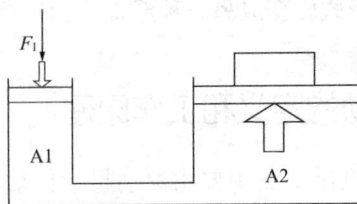

图 4-1　液压传动原理图

根据帕斯卡定律，液压缸 A2 中的活塞上也受到 1kN/cm^2 的压强，即 $F_1/S_1 = F_2/S_2$，这样液压缸 A2 中的活塞上会产生 100kN 的向上推力（F_2）。由这个例子可以看出，加在液压缸 A1 活塞上的力，由于密闭在两个连通液压缸中的液体的作用，被传递到液压缸 A2 的活塞上，并且这个力得到了放大，这就是液压传动的工作原理。

有一点需要说明：如果液压缸 A2 的活塞上没有负载，则在液压缸 A1 的活塞上亦无法施加 10kN 的外力。这是液压传动中一条很重要的原理：液压系统的压力取决于外部负载。

4.2.2 液压传动装置的工作原理与组成

液压传动是指利用密闭工作容积内液体压力能的传动。油压千斤顶就是一个简单的液压传动的实例。

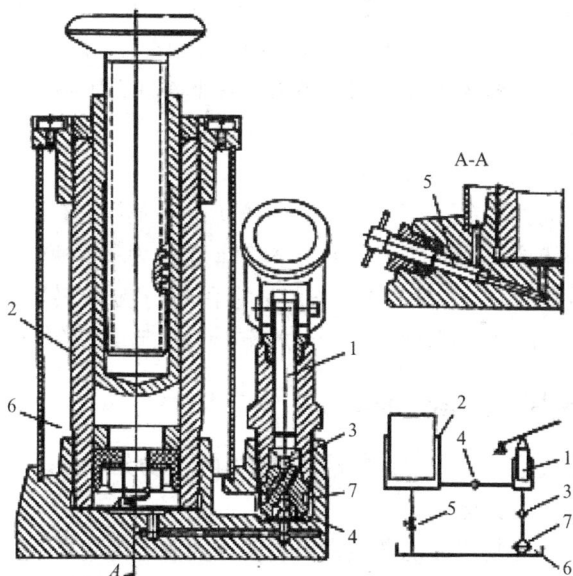

图 4-2 油压千斤顶结构与原理图
1—小油缸；2—大油缸；3、4—单向阀；5—泄油阀；6—油箱；7—滤网

油压千斤顶的结构图与原理图如图 4-2 所示。油压千斤顶的小油缸 1、大油缸 2、油箱 6 以及它们之间的连接通道构成一个密闭的容器，里面充满着液压油。在泄油阀 5 关闭的情况下，当提起手柄时，小油缸 1 的柱塞上移使其工作容积增大形成真空，油箱 6 里的油便在大气压作用下通过滤网 7 和单向阀 3 进入小油缸。压下手柄时，小油缸的柱塞下移，挤压其下腔的油液，这部分压力油便顶开单向阀 4 进入大油缸 2，推动大柱塞从而顶起重物。

再提起手柄时，大油缸内的压力油将力图倒流入小油缸，此时单向阀 4 自动关闭，使油不致倒流，这就保证了重物不致自动落下。压下手柄时，单向阀 3 自动关闭，使液压油不致倒流入油箱，而只能进入大油缸以将重物顶起。这样，当手柄被反复提起和压下时，小油缸不断交替进行吸油和排油过程，压力油不断进入大油缸，将重物一点点地顶起。当需放下重物时，打开泄油阀 5，大油缸的柱塞便在重物作用下下移，将大油缸中的油液挤回油箱 6。

可见，油压千斤顶工作需要有两个条件：

（1）处于密闭容器内的液体由于大小油缸工作容积的变化而能够流动；

（2）这些液体具有压力。

能流动并具有一定压力的液体能做功，我们说它有压力能。油压千斤顶就是利用油液的压力能，将手柄上的力和手柄的移动转变为顶起重物的力。小油缸 1 的作用是将手动的机械能转换为油液的压力能，大油缸 2 则将油液的压力能转换为顶起重物的机械能。

4.2.3　液压传动系统的组成

一个能完成能量传递的液压系统由五部分组成：

（1）动力部分

动力部分将机械能转换为压力能，为液压传动系统提供工作动力。动力部分的元件是液压泵，其职能是将机械能转换为液体的压力能，它是液压系统的动力元件。以上例子中油压千斤顶的小油缸 1 即起泵的作用。

（2）工作部分

工作部分即执行元件，其职能是将液体的压力能转换为机械能。执行元件包括液压缸和液压马达，液压缸带动负荷做往复运动；液压马达带动负荷做旋转运动。上例中图中大油缸 2 就是油压千斤顶的执行元件。

（3）控制部分

控制部分即控制调节装置。按照液压传动系统工作的需要，对系统的压力、执行机构的运动速度、运动方向及动作顺序进行控制。这部分的元件有溢流阀、节流阀、换向阀、平衡阀及液压锁等。在液压系统中各种阀用以控制和调节各部分液体的压力、流量和方向，以满足机械的工作要求，完成一定的工作循环。上例中油压千斤顶的单向阀3、单向阀4和泄油阀5就是控制液流方向的。开关5还可控制液流流量，从而控制重物下降的快慢。

（4）辅助装置

辅助装置包括油箱、滤油器、油管及管接头、密封件、冷却器、蓄能器等。设计液压系统就是根据机械的工作要求合理地选择和设计上述各液压元件，并将它们合理地组合在一起，使之完成一定的工作循环。

（5）工作介质

工作介质即充满在系统中，传递压力和能量的介质。一般用洁净的油或水做工作介质。由于油几乎是不可压缩的，大部分液压系统均使用油作为工作介质，同时油可以在液压系统中起润滑剂作用。

4.3　常用液压元件及系统图实例

液压系统中的主要元器件有液压泵、液压油缸、控制元件、油管和管接头、油箱和液压油滤清器等。

4.3.1　常用液压元件

（1）液压泵

液压泵按构造可分为齿轮式液压泵、柱塞式液压泵和叶片式液压泵。塔机上的液压系统主要采用齿轮式液压泵和柱塞式液压泵，其中以齿轮式液压泵应用较为普遍。

（2）液压油缸

液压油缸简称液压缸，是液压系统中的执行元件。从功能上来看，液压缸与液压马达都是把工作油液的压力能转变为机械能的转换装置。不同之处在于液压马达用于旋转运动，而液压缸则把压力能转换为直线运动。液压缸的特点是构造简单、工作可靠。

（3）控制元件

在塔机液压系统中采用多种不同的控制元件来操纵和控制工作油液的流向、压力和流量。根据控制职能的不同，控制元件可分为方向控制阀、压力控制阀和流量控制阀。

1）方向控制阀

方向控制阀用来控制液压系统中油液的流向，操纵执行元件的运动（如动作、停止和改变运动方向）。按其功用，方向控制阀可分为单向阀和换向阀两大类。

① 单向阀又叫止逆阀或止回阀，其作用是保证油液只能朝一个方向流动，不能更改方向。

② 换向阀又称分配阀或换向滑阀，其作用是控制液压油液的流动方向。通过改变滑阀在阀体中的位置来接通不同的油路，使油液改变流向，从而改换执行元件的运动方向。

2）压力控制阀

这种阀可根据调定的工作油流的压力而动作，其作用是控制和保护液压系统不被高压所损坏。属于压力控制阀类的控制元件有安全阀、溢流阀、限压阀和平衡阀等。

3）流量控制阀

流量控制阀包括节流阀、限速阀和分流集流阀等，主要用以调节液压系统中的油液流量，使执行元件以一定速度运动。

4.3.2　液压系统图实例

液压系统由许多元件组成，如果用各元件的结构图来表达整个液压系统，则绘制起来非常复杂，而且难于将其原理表达清楚，因此实践中常用各种符号表示元件的职能，将各元件的符号用通路联接起来组成液压系统图来表示液压传动及控制系统的原理，如图 4-3 所示。

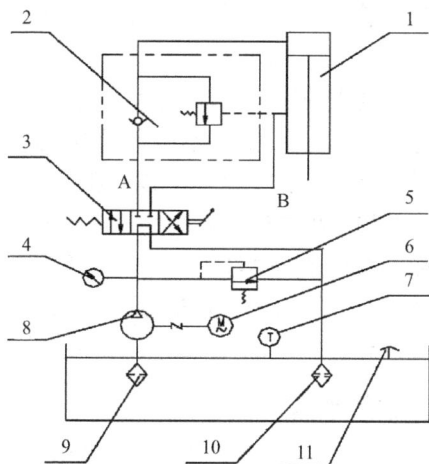

图 4-3　塔式起重机液压顶升系统图
1—顶升油缸；2—平衡阀；3—手动换向阀；4—压力表；5—溢流阀；
6—电动机；7—液位液温计；8—液压泵；9—吸油滤油器；
10—回油滤油器；11—空气滤清器

现在让我们以塔机顶升的过程为例，分析一下塔机液压顶升系统的工作原理。首先启动塔机的电气系统，电动机 6 通电，电动机通过联轴器驱动液压泵 8，油箱中的液压油经过吸油滤油器 9 被液压泵 8 吸入泵体内并通过加压向系统供给，此时的手动换向阀 3 处在初始的中位状态，泵出的液压油无需经过系统溢流阀 5，而直接通过换向阀内部中位油路和回油滤油器 10 返回油箱，系统处于泄荷状态。通过系统压力表 4 我们可以看到，处于泄荷状态时系统的压力为零。

当顶升开始时，手动换向阀 3 手柄向后拉，换向阀阀芯右移，换向阀处于左位状态，泵出高压油通过换向阀进入平衡阀 2，再而进入油缸 A 腔（无杆腔），此时油缸活塞杆徐徐伸出，处于油缸 B 腔（有杆腔）中的液压油通过换向阀 3 直接返回油箱。因为顶升状态时，系统油缸承受塔机上部的重力负荷，通过压力表 4，我们可以观测到系统压力为系统的工作压力。当油缸完全伸出后，油缸活塞被顶死，系统压力继续上升，达到溢流阀

5 调定压力（系统最高压力）。泵出液压油通过系统溢流阀 5 溢流，返回油箱。

顶升完毕后，要求油缸活塞杆回缩，前推换向阀 3 手柄，阀芯左移，换向阀处于右位，泵出高压油通过换向阀进入油缸 B 腔，同时通过旁路推开平衡阀 2，使 A 腔形成回油油路，油缸活塞杆徐徐回缩。此时系统压力接近平衡阀的开启压力。当完全回缩后油缸活塞被顶死，系统压力继续上升达到溢流阀 5 调定压力（系统最高压力）。泵出液压油通过系统溢流阀 5 溢流，返回油箱。

4.4 液压传动的特点

任何一部完整的机器都有动力部分和工作装置，能量从动力部分到工作装置传递的形式可分为机械传动、电力传动、液压传动和气压传动四大类。

4.4.1 液压传动的主要优点

与其他传动形式相比较，液压传动的主要优点有：

（1）易于大幅度减速，从而可获得较大的力和扭矩，并能实现较大范围的无级变速，使整个传动简化。

（2）易于实现直线往复运动，以直接驱动工作装置。各液压元件间可用管路连接，故安装位置自由度多，便于机械的总体布置。

（3）能容量大，即较小重量和尺寸的液压件可传递较大的功率。例如，液压泵与同功率的电机相比外形尺寸为后者的 12% ～ 13%，重量为后者的 10% ～ 20%。这样，再加上前述优点就可以使整个机械的重量大大减轻。由于液压元件的结构紧凑、重量轻，而且液压油具有一定的吸振能力，所以液压系统的惯量小、启动快、工作平稳，易于实现快速而无冲击地变速与换向，应用于机械车辆上，可减少变速时的功率损失。

（4）液压系统易于实现安全保护，同时液压传动比机械传动操作简便、省力，因而可提高机械生产率和作业质量。

（5）液压传动的工作介质本身就是润滑油，可使各液压元件自行润滑，因而简化了机械的维护保养，并利于延长元件的使用寿命。

（6）液压元件易于实现标准化、系列化、通用化，便于组织专业性大批量生产，从而可提高生产率、提高产品质量、降低成本。

（7）与电、气配合，可设计出性能好、自动化程度高的传动及控制系统。

4.4.2 液压传动的主要缺点

与其他传动形式相比较时，液压传动的主要缺点有：

（1）液压油的泄漏难以避免，外部泄漏会污染环境并造成液压油的浪费，内部泄漏会降低传动效率，并影响传动的平稳性和准确性，因而液压传动不适用于要求定比传动的场合。当前液压传动比机械传动的效率低，这是许多机械传动还不能被液压传动取代的主要原因。

（2）液压油的黏度随温度变化而变化，从而影响传动机构的工作性能，因此在低温及高温条件下，应根据季节转换及时更换不同规格液压油。

（3）由于液体流动中压力损失大，故不适用于远距离传动。

（4）零件加工质量要求高，因此液压元件成本较高。

4.5 液压油的使用常识

4.5.1 液体的黏度

液体在外力作用下流动时，液体内各层的运动速度不同。液体分子间的相互作用力在液体间产生内部摩擦力，以阻止液层间的相对滑动，这就是液体的黏性。液体的黏性大小用黏度表示。

液体的黏度是选择液压油的重要指标之一，液体黏度大小要影响到液压系统的效率和寿命。液体黏度过大，内部摩擦力大，系统动作减慢，工作温度升高，系统的效率降低，且液压油易氧化变质。若液体黏度过小，则会引起液压系统的外部泄漏和内部泄漏，使系统的效率降低。

4.5.2　温度对液压油影响

液压油的黏度随温度的变化而改变。工作温度高，黏度降低；工作温度低，黏度高。因此，除了按机械使用说明来正确选用液压油外，在高寒地区或高温地区作业时，应按当地的工作温度对液压油的牌号进行相应的调整，以保证液压系统的工作效率和液压油的使用寿命。

4.5.3　液压油的失效形式

在液压系统中，液压油既是传递压力和能量的介质，又担负液压元件的润滑和液压系统的散热等多项职能。经过一定时间的使用后液压油会因各种原因而失效。失效的形式主要有以下几种：

（1）污染

密封件磨损产生的橡胶及金属微粒和外部粉尘都会对液压油造成污染，使液压油的洁净度变差。当污染严重时会磨损液压件，损坏液压密封件。

（2）氧化变质

液压油与空气接触后发生化学反应，油液的物理和化学性能都会发生变化。油液的颜色逐渐变深，黏度增大，酸值升高，这就是油液的氧化变质。一般液压油都有较强抗氧化性，但工作温度过高以及油液中存在的金属微粒都会加快液压油的氧化变质。

（3）乳化变质

液压油中混入一定量的水，经搅动后油液会变成乳白色的液体，这就是液压油的乳化变质。

4.5.4　液压油的合理选择及使用

选择液压油时应选用机械制造厂家产品使用说明中指定规格

的液压油。如确实需要代用，应选择黏度、黏度指数、抗氧化安定性等技术指标接近使用要求的油品代用。

使用液压油时应注意：

（1）注液压油的容器应保持洁净（最好专用）。

（2）定期清洁液压油滤清器。

（3）定期检查液压油油质。

（4）液压油油量不足需添加时，应选用同一厂家、同一规格的油品，不得将不同厂家、不同规格的油品混用。

（5）更换液压油时，应将液压系统中的旧油清除，用少量干净油将系统清洗干净后再加入新油。

第5章 钢结构知识

5.1 钢结构常用钢材压传动的意义

为保证钢结构的承载能力和防止在一定条件下出现脆性破坏，应根据结构的重要性、荷载特征（是否直接承受动荷载）、结构形式、应力状态、连接方式（焊接或非焊接结构）、钢材厚度和工作环境（是否低温工作）等因素综合考虑，选用合适的钢材牌号和材性。

钢结构的钢材宜采用 Q235、Q345、Q390 和 Q420，其质量应分别符合现行国家标准《碳素结构钢》GB/T 700—2006 和《低合金高强度结构钢》GB/T 1591—2008 的规定。当采用其他牌号的钢材时，应符合相应标准的规定和要求。

钢结构采用的钢材应具有抗拉强度、伸长率、屈服强度和硫、磷含量的合格保证，对焊接结构应具有碳当量的合格保证。焊接塔机钢结构以及重要的非焊接钢结构采用的钢材还应具有冷弯试验的合格保证。钢结构的钢材，其拉伸性能应有明显的屈服台阶，实际供货钢材的屈强比不应大于 0.85，伸长率应大于 20%。

5.1.1 起重设备中常用的钢材及其性能

起重设备中常用的钢材的强度设计值如表 5-1 所示。

常用钢材的强度设计值（N/mm^2）   表 5-1

钢材		屈服强度	抗拉强度	
牌号	厚度或直径（mm）		厚度（mm）	
Q235	≤ 16	235	≤ 16	370 ~ 500

牌号	钢材		屈服强度	抗拉强度	
	厚度或直径（mm）			厚度（mm）	
Q235	＞16～40		225	＞16～40	
	＞40～60		215	＞40～60	
	＞60～100		215	＞60～100	370～500
	＞100～150		195	＞100～150	
	＞150～200		185	＞150～200	
Q345	≤16		≥345		
	＞16～40		≥335		
	＞40～63		≥325	≤100	470～630
	＞63～80		≥325		
	＞80～100		≥305		
	＞100～150		≥285	＞100～150	450～600
Q390	≤16		≥390		
	＞16～40		≥370		
	＞40～63		≥350	≤100	490～650
	＞63～80		≥330		
	＞80～100		≥330		
	＞100～150		≥310	＞100～150	470～620
Q420	≤16		≥420		
	＞16～40		≥400		
	＞40～63		≥380	≤100	520～680
	＞63～80		≥360		
	＞80～100		≥360		
	＞100～150		≥340	＞100～150	500～650

5.1.2 对属于下列情况之一的钢材，应进行抽样复验

（1）国外进口钢材；

（2）钢材混批；

（3）板厚等于或大于40mm，且设计有Z向性能要求的厚板；

（4）建筑结构安全等级为一级，大跨度钢结构中主要受力构件所采用的钢材；

（5）设计有复验要求的钢材；

（6）对质量有疑义的钢材。

5.2 钢结构的焊接联接

5.2.1 起重设备钢结构焊接的一般要求

（1）焊工应经过考试取得上岗资格证才能担任相应的焊接工作，对关键焊缝、重要焊缝应由有相应资质的焊工进行焊接。

（2）焊接前应检查并确认焊接设备及辅助工具等是处于合格状态。

（3）焊接工作宜在室内进行，当零部件表面潮湿或暴露于雨雪条件下，不得进行焊接作业。

（4）关键焊缝、重要焊缝或碳素结构钢板厚度大于50mm、低合金结构钢板厚度大于40mm，其焊接规程应通过工艺评定确认。

（5）焊条、焊剂和药芯焊丝必须按产品说明书的规定进行烘干，焊丝宜采用镀铜焊丝，非镀铜焊丝使用前应除去浮锈和油污。

（6）焊工施焊应按规定的工艺和焊接作业指导书进行操作，对关键焊缝、重要焊缝的焊接还应填写施焊记录，并在规定位置做出焊工标识。

（7）焊接工艺评定报告和关键焊缝、重要焊缝的施焊记录保

存期不少于 5 年。

5.2.2 焊材的选择

起重机械钢结构件钢材应按图样的要求选用。常用钢材与所需焊条、焊丝的选配如表 5-2 和表 5-3 所示。当钢材的屈服强度大于 420MPa 或工艺上有特殊要求者，应通过焊接工艺评定按有关标准确定匹配的焊接材料。

常用钢材与焊条的选配   表 5-2

钢材	焊条	备注
Q235	E4301	—
	E4303	—
	E4315	重要构件
	E4316	重要构件
Q295	E4303	—
	E4315	重要构件
	E4316	重要构件
Q345	E5001	—
	E5003	—
	E5015	重要构件
	E5016	重要构件
Q390	E5001	—
	E5003	—
	E5015	重要构件
	E5016	重要构件
Q420	E5515	—
	E5516	重要构件
	E5518	重要构件

常用钢材与焊丝的选配 表5-3

钢材	埋弧焊用焊剂—焊丝	气体保护焊用焊丝	备注
Q235、Q295	F4A2-H08 F4A2-H08A	ER49-1 ER50-6	
Q345	F4A0-H10Mn2 F5A2-H10Mn2	ER50-6 ER50-7	H08 仅用于构造焊缝
Q390	F5A2-H10Mn2 F55A2-H08MnMoA	ER55-G	
Q420	F55A2-H08MnMoA	ER55-G	

常见焊接材料的产品标准如表 5-4 所示。

常见焊接材料的产品标准 表5-4

标准号	标准名称
GB/T 5117	《非合金钢及细晶粒钢焊条》
GB/T 5118	《热强钢焊条》
GB/T 14957	《熔化焊用钢丝》
GB/T 8110	《气体保护电弧焊用碳钢、低合金钢焊丝》
GB/T 10045	《碳钢药芯焊丝》
GB/T 17493	《低合金钢药芯焊丝》
GB/T 5293	《埋弧焊用碳钢焊丝和焊剂》
GB/T 12470	《埋弧焊用热强钢实心焊丝、药芯焊丝和焊剂—焊剂组合分类要求》
GB 10432	《焊接螺柱及焊钉》
GB/T 10433	《电弧螺柱焊用圆柱头焊钉》

　　用于重要焊缝的焊接材料或对质量合格证明文件有疑义的焊接材料，应进行抽样复验，复验时焊丝宜按五个批（相当炉批）取一组试验，焊条宜按三个批（相当炉批）取一组试验。

　　用于焊接切割的气体应符合现行国家标准《钢结构焊接规范》GB 50661—2011 和焊接切割用气体标准的规定，如表 5-5 所示。

常见焊接切割用气体标准 表 5-5

标准号	标准名称
GB/T 4842	《氩》
GB/T 6052	《工业液体二氧化碳》
GB 16912	《深度冷冻法生产氧气及相关气体安全技术规程》
GB 6819	《溶解乙炔》
HG/T 3661	《焊接切割用燃气》
GB/T 13097	《工业用环氧氯丙烷》
HG/T 3728	《焊接用混合气体 氩-二氧化碳》

5.3 钢结构的螺栓联接

普通螺栓、高强度大六角头螺栓联接副、扭剪型高强度螺栓联接副应符合表 5-6 所列现行国家标准的规定。

钢结构连接用紧固件标准 表 5-6

标准号	标准名称
GB/T 5780	《六角头螺栓 C 级》
GB/T 5781	《六角头螺栓 全螺纹 C 级》
GB/T 5782	《六角头螺栓》
GB/T 5783	《六角头螺栓 全螺纹》
GB/T 1228	《钢结构用高强度大六角头螺栓》
GB/T 1229	《钢结构用高强度大六角螺母》
GB/T 1230	《钢结构用高强度垫圈》
GB/T 1231	《钢结构用高强度大六角头螺栓、大六角螺母、垫圈技术条件》
GB/T 3632	《钢结构用扭剪型高强度螺栓联接副》
GB/T 3098.1	《紧固件机械性能螺栓、螺钉和螺柱》

高强度大六角头螺栓联接副和扭剪型高强度螺栓联接副应分别有扭矩系数和紧固轴力（预拉力）的出厂合格检验报告，并随

箱携带。

普通螺栓作为永久性联接螺栓，当设计文件要求或对其质量有疑义时，应进行螺栓实物最小拉力载荷复验，复验时每一规格螺栓抽查 8 个。

各类高强度螺栓、内六角圆柱头螺钉、等长双头螺柱的性能等级为 8.8 级、9.8 级、10.9 级、12.9 级。

各类高强度螺母的性能等级为 8 级、9 级、10 级、12 级。

各类高强度垫圈的性能等级为 300HV。

高强度紧固件的推荐材料和适用规格应符合以下的规定，如表 5-7 所示。

高强度紧固件的推荐材料和适用规格表　　　表 5-7

类别	性能等级	推荐材料	材料标准号	适用规格
螺栓	12.9	35CrMo	GB 3077	所有规格
		40Cr		
		42CrMo		
	10.9	20MnTiB	GB 3077	≤ M24
		35VB	GB 1231	≤ M30
		40Cr	GB 3077	所有规格
		45	GB 699	≤ M22
	9.8 8.8	45	GB 699	≤ M22
		35	GB 699	≤ M16
		40Cr、40B	GB 3077	所有规格
螺母	12	35CrMo	GB 3077	
		40Cr		
		42CrMo		

类别	性能等级	推荐材料	材料标准号	适用规格
螺母	10	45，35	GB 699	
		15MnVB	GB 3077	
		40Cr	GB 3077	
	9 8	35	GB 699	
		45	GB 699	
		40Cr	GB 3077	
垫圈	300HV	45，35	GB 699	所有规格

高强度螺栓、螺母、垫圈的性能等级使用组合应按表 5-8 中的规定执行。

高强度螺栓、螺母、垫圈的性能等级使用组合 表 5-8

螺栓性能等级	12.9	10.9	9.8	8.8	
螺母性能等级	12	10	9	9	8
垫圈性能等级	300HV				
适用规格范围	所有规格		≤ M16	> M16 ≤ M39	所有规格

5.4 钢结构的涂装材料

5.4.1 涂装前的表面处理

所有用于设备制造的钢铁原材料，涂漆前均需进行表面除锈处理。

所有需要进行涂装的钢铁原材料或制件表面，在涂漆前必须将铁锈、氧化皮、油脂、灰尘、泥土、盐和污物等清除干净。

除锈前，应先用有机溶剂、碱液、乳化剂、蒸汽等除去钢铁表面的油脂、污垢。

钢铁表面除锈方法、除锈等级及适用范围见表 5-9 所示。表中 Sa 及 St 各等级的除锈要求及评定方法按《涂覆涂料前钢材表面处理　表面清洁度的目视评定》GB/T 8923 的规定。

焊接件在组装焊接后需要进行热处理的，应将除锈工序放在热处理之后进行。

钢铁表面除锈方法、除锈等级及适用范围　　　表 5-9

除锈方法	除锈等级 GB/T 8923	适用范围
喷射或抛射除锈	Sa2	辅助部件或辅助设备及用于轻度腐蚀性环境中的钢铁制件表面； 与混凝土接触或埋入其中的钢铁制件表面
	Sa2 1/2	主要部件或主要设备及用于腐蚀性较强的环境中的钢铁制件表面； 长期在潮湿、潮热、盐雾等环境下作业的钢铁制件表面； 与高温接触并且需要涂耐热漆的钢铁制件表面
	Sa3	与液体介质或腐蚀性介质接触的表面，如油箱、减速机箱、水箱等内表面
手工或动力工具除锈	St2	与高温接触但不需要涂耐热漆的钢铁制件
	St3	受设备限制，无法进行喷丸除锈的特大钢铁构件； 钢铁构件形状特殊无法进行喷丸除锈的部位
酸洗除锈	—	设备上的各类钢制管道；不能喷丸的薄板件（壁厚小于 5mm）； 结构复杂的中、小型零件

5.4.2　起重设备常用的涂料

钢结构防腐涂料、稀释剂和固化剂，应按设计文件和相关现行国家标准选用，其品种、规格、性能等应符合设计文件及相关现行国家标准的要求，如表 5-10 所示。

起重设备常用的涂料 表 5-10

类别	推荐品种	厚度要求
底漆	铁红醇酸底漆、铁红环氧脂底漆、硅酸锌防锈漆、磷酸锌底漆、环氧富锌底漆等	各种涂料的涂层厚度（干膜），根据涂料配套漆系确定
中间漆	环氧云母氧化铁漆，环氧中间漆、磷酸锌底漆等	
面漆	醇酸磁漆、氯化橡胶面漆、聚氨酯面漆、丙烯酸磁漆、醇酸铝粉漆、环氧面漆等	
耐油漆	过氯乙烯油箱漆、环氧耐油漆、聚氨酯耐油漆、硝基内用磁漆（底、面漆应配套，且涂层不易太厚）等	
耐高温漆	无机硅酸锌底漆、有机硅耐热漆、醇酸铝粉漆、各色硼钡漆等	
耐潮湿漆	氯化橡胶漆、焦油环氧沥青防锈漆等	

5.4.3 机器产品特殊部位的涂装要求

（1）铆接件相互接触的表面，在连接前必须涂以厚度为 30 ~ 40 μm 的底漆。所用涂料品种应是涂料配套漆系中的漆种。搭接边缘应用油漆、腻子或粘合剂封闭。在加工或焊接过程中损坏的漆面，应重新进行表面处理和涂装。

（2）不封闭的箱形梁、箱形结构的内表面、各类安全罩的内表面等，无特殊要求的，一般须涂 60 ~ 80 μm 厚的底漆，封闭的箱形梁、箱形结构的内表面不涂漆。

（3）装配后不能靠近、无法涂装的部位，应在装配前完成涂漆。

（4）有涂漆要求的有色金属表面，应根据不同情况，选用相适应的底漆、面漆。如锌表面应选用磷化底漆或磷酸锌底漆等。

面漆（或中间漆）要与底漆配套。

（5）高强度螺栓联接件结合面，应根据摩擦系数的不同或按图样要求，在喷砂后涂高固体份、高锌粉含量（80%）的无机富锌底漆，厚度为 60 μm。或者涂刷两层过氯乙烯可剥清漆（两层之间贴一层纱布）加以保护，联接前再将可剥清漆剥除。必要时，表面还应使用薄铁皮加以覆盖。

（6）属下列情况之一的，不进行涂装。

1）产品或部件与混凝土接触或埋入混凝土中的部位、紧贴耐火材料的部位；

2）机械加工的配合面、工作面、摩擦面；

3）配管的各种阀、泵及法兰表面；

4）不锈钢制件表面；

5）钢丝绳、地脚螺栓及其底板；

6）电镀表面、无特殊要求的有色金属表面；

7）非金属制件表面；

8）电动机等外购机电配套件表面。

第6章　吊装知识

6.1　物体重心的判断

在生产施工中构件的吊装、大型设备整体翻转以及各种物体的运输吊装，都遵循和运用物体重力与外力平衡的规律进行作业，否则由于吊点选择不当，起吊时物体就会失去平衡，造成发生翻倒或滑脱事故。因此，在起重作业中，确定被吊物体的重心位置是重要的基础环节。

6.1.1　重心位置确定

对于质量均匀分布的物体（均匀物体），重心的位置只跟物体的形状有关。规则形状物体的重心就在其几何中心上。例如，均匀细直棒的重心在棒的中点，均匀球体的重心在球心，均匀圆柱体的重心在轴线的中点。不规则物体的重心，可以用悬挂法来确定。物体的重心不一定在物体上，如圆环形、月亮形等。

对于质量分布不均匀的物体，重心的位置除跟物体的形状有关之外，还跟物体内质量的分布有关。载重汽车的重心随着装货的多少和装载位置而变化，起重机的重心随着提升物体的重量和高度而变化。

通过重心的一条直线或切面把物体或图形分成两份，则两份的面积或体积不一定相等。不是所有通过重心的直线或切面都能平分物体或图形的面积或体积，例如过正三角形重心且平行一边的一条直线把三角形分成面积比为4：5的两部分。关于这一点，可以用物理学的杠杆原理解释：分成的两块图形的重心分别到三角形重心的距离相当于杠杆的两个力臂，而两图形的面积相当于杠杆的两个力。因为重心相当于两个图形的面积"集中"成的一点。如以上的例子，分割成的两个图形重心分别到三角形重心的距离正好等于 5：4。

6.1.2　其他图形重心

下面的几何体都是均匀的，线段指细棒，平面图形指薄板。

三角形的重心就是三边中线的交点。

线段的重心就是线段的中点。

平行四边形的重心就是其两条对角线的交点，也是两对对边中点连线的交点。

圆的重心就是圆心，球的重心就是球心。

锥体的重心是顶点与底面重心连线的四等分点上最接近底面的一个。

四面体的重心同时也是每个定点与对面重心连线的交点，也是每条棱与对棱中点确定平面的交点。

6.1.3　寻找重心的方法

下面介绍几种寻找不规则形状或质量不均匀物体重心的方法。

（1）悬挂法

悬挂法只适用于薄板（不一定均匀），如图 6-1 所示。首先找一根细绳，在物体上找一点，用绳悬挂起来，划出物体静止后的重力线。同理，再找一点悬挂，两条重力线的交点就是物体重心。

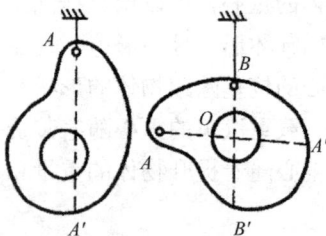

图 6-1　悬挂法

（2）支撑法

支撑法只适用于细棒（不一定均匀）。用一个支点支撑物体，不断变化位置，越稳定的位置，越接近重心。

一种可能的变通方式是用两个支点支撑，然后施加较小的力使两个支点靠近，因为离重心近的支点摩擦力会大，所以物体会随之移动，使另一个支点更接近重心，如此可以找到重心的近似位置。

（3）针顶法

针顶法同样只适用于薄板。用一根细针顶住板子的下面，当板子能够保持平衡时，针顶的位置就接近重心。

与支撑法同理，可用3根细针互相接近的方法，找到重心位置的范围，不过这就没有支撑法的变通方式那样方便了。

（4）用铅垂线找重心

对于任意图形、质地均匀的物体可以用铅垂线找重心的方法。用绳子找其一端点悬挂，再用铅垂线挂在此端点上（描下来）。然后用同样的方法作另一条线，两线交点即其重心。

6.1.4　以下几何形状物体重心的确定

长方形物体的重心位置在其对角线的交点上；圆柱形物体的重心在其中间横截面的圆心上；三角形物体的重心在其3条中心线的交点上。部分物体重心实例图如图6-2所示。

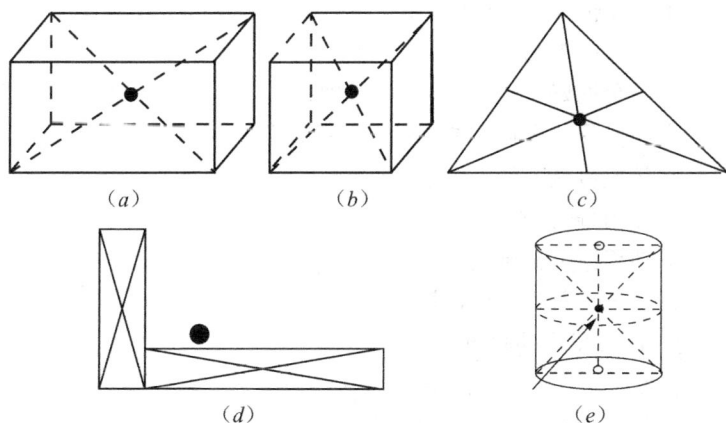

（a）　　　　　　　（b）　　　　　　　（c）

（d）　　　　　　　　　　　　（e）

图6-2　部分物体重心实例

（a）长方体中心：在两条对角线的交点处；（b）正方体的重心：在两条对角线的交点处；（c）三角形重心：在三条中心线的交点处；（d）组合体重心：先算出各个分物体的重心，再算出组合的重心；（e）圆柱体重心：在于轴向中间截面的圆心上

6.2 起重吊具的种类与选择

在起重作业中，工件的捆绑吊挂不正确会使工件变形损伤，甚至因吊索断裂或脱钩致重物坠落，造成人身及设备的重大事故。所以作业人员必须熟悉起重吊挂知识，在作业中密切协作才能安全、高效、优质地完成起重运输任务。

6.2.1 吊具的种类

（1）链式吊具

链式吊具是一种金属吊索具，由吊链、吊环和吊钩等附件组成，常见的形式如图6-3所示。按承载能力分为60级吊具、80级吊具、100级吊具及120级吊具等。级别越高，同样规格的链条承载能力越高。链式吊具广泛用于冶金、码头、化工、矿山、钢铁、电力、石油、港口、建筑机械等行业。

1）链式吊具的优点

链式吊具具有以下的优点：

① 承载能力高。

② 安全性好，破断延伸率 ≥ 20%。

③ 组合形式多样，通用性、互换性强。

④ 长短可调、易于存放。

⑤ 使用寿命长。

⑥ 使用温度范围大。

⑦ 易于检测，方便快捷。

2）链式吊具的缺点

链式吊具具有以下的缺点：

① 价格较吊带、钢丝绳偏高。

② 自重偏大。

吊装带极限工作载荷及颜色代号

表 6-1

吊装带垂直提升时的极限工作载荷 (t)	缝制织带部件颜色	极限工作载荷 (t)								
		垂直提升	扼圈式提升	平行	吊篮式提升		两肢吊索		三肢和四肢吊索	
		M=1	M=0.8	M=2	β=0°~45° M=1.4	β=45°~60° M=1	β=0°~45° M=1.4	β=45°~60° M=1	β=0°~45° M=2.1	β=45°~60° M=1.5
1.0	紫色	1.0	0.8	2.0	1.4	1.0	1.4	1.0	2.1	1.5
2.0	绿色	2.0	1.6	4.0	2.8	2.0	2.8	2.0	4.2	3.0
3.0	黄色	3.0	2.4	6.0	4.2	3.0	4.2	3.0	6.3	4.5
4.0	灰色	4.0	3.2	8.0	5.6	4.0	5.6	4.0	8.4	6.0
5.0	红色	5.0	4.0	10.0	7.0	5.0	7.0	5.0	10.5	7.5
6.0	棕色	6.0	4.8	12.0	8.4	6.0	8.4	6.0	12.6	9.0
8.0	蓝色	8.0	6.4	16.0	11.2	8.0	11.2	8.0	16.8	12.0
10.0	橙色	10.0	8.0	20.0	14.0	10.0	14.0	10.0	21.0	15.0
大于10.0	橙色									

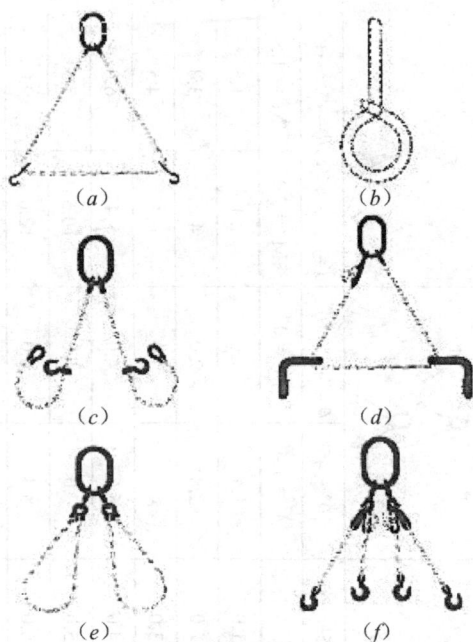

图 6-3　常见的链式吊具（一）

（a）可调式特种吊具；（b）链条捆绑式索具；（c）可调式捆绑吊具；
（d）可调式卷纸吊具；（e）双腿捆绑式索具；（f）可调式四腿索具

图 6-4　常见的链式吊具（二）

（2）吊装带

按材料来分吊装带可分成多种，主要有合成纤维吊带，如图 6-5 所示。

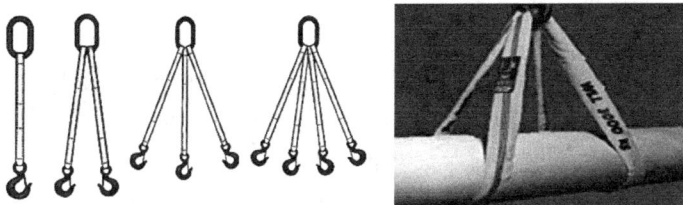

图 6-5　吊装带

合成纤维吊装带采用高强度聚酯（耐酸不耐碱）或聚丙烯（耐酸碱）、聚酰胺（耐碱不耐酸）工业强力长丝为原料，经工业织机编织或缠绕穿心而成。

1）吊装带具有以下的优点：

① 保护被吊物品，使其表面不被损坏。

② 高强度、轻便，便于携带及进行吊装准备工作。

③ 柔软、便于操作。

④ 不腐蚀、不导电。

2）吊装带具有以下的缺点：

① 吊装中容易被尖角割伤。

② 不适用于高温及高沙尘环境，使用温度≤100℃。

③ 耐磨性低。

④ 不能随时调整使用长度。

（3）钢丝绳

钢丝绳是由多根细钢丝捻成股，再由一定数量股捻绕成螺旋状的绳。在物料搬运机械中，供提升、牵引、拉紧和承载之用。钢丝绳按绳芯不同，分为纤维芯和钢芯。纤维芯钢丝绳比较柔软，易弯曲，纤维芯可浸油作润滑防锈，减少钢丝间摩擦；钢芯的钢丝绳耐高温、耐重压、硬度大、但不易变曲。在机械作业中，供提升、牵引、拉紧、传动和承载之用。其主要优缺点如下：

1）钢丝绳具有以下的优点：

① 承载能力较强。

② 强度高、能承受冲击载荷挠性较好，使用灵活。

③ 自重较轻。

④ 价格便宜。

⑤ 钢丝绳磨损后，外表会产生许多毛刺，容易检查；破断前有断丝预兆，且整根钢丝绳不会立即断裂。

2）钢丝绳具有以下的缺点：

① 纤维芯使用温度较低，不适合于高温作业。

② 钢丝绳刚性较大，不易弯曲。起重作业选用的钢丝绳一般为点接触类型，如果配用的滑轮直径过小或直角弯折，钢丝绳容易损坏，影响安全使用和缩短使用寿命。

3）钢丝绳的近似许用工作拉力计算公式：

$$F = \frac{500 \times d^2}{k} \tag{6-1}$$

式中　F——钢丝绳的许用工作拉力近似值；

　　　d——钢丝绳的公称直径；

　　　k——安全系数（根据应用场合及对应规范要求选择）。

6.2.2　正确选用起重吊具

（1）选择吊具的规格及类型

当选择吊具的规格时，必须把被起吊物体的负载、尺寸、重量、外形以及准备采用的吊装方法等因素列入考虑之中，给出极限工作力的要求，同时工作环境、负载的种类也必须加以考虑。选择既符合负荷能力，又能满足使用方式的恰当长度的吊索具。如果多个吊具被同时使用，必须选用同样类型吊具。无论附件或软吊耳是否需要，都必须慎重考虑吊具的末段和辅助附件与起重设备相匹配。

（2）遵循好的吊装经验

在开始吊装之前要做好起吊安全操作方案。

（3）吊装时必须正确选择吊具的连接方式

吊装时吊具必须安放在负载上，以便负载能够均衡的作用。吊具始终不能打结或扭曲，吊索缝合部位不能放置在吊钩或起重设备上，并且总是放在吊索的直立部分，通过远离负载、吊钩和锁紧角度来防止标签的损伤。

（4）使用多重组合吊具的注意事项

多重组合吊具的极限工作力的评估决定于组合吊具承受负载的对称性，也就是当起吊时，吊具的分支按设计对称分布，具有同样垂直角度。例如使用三组合吊具时，假如分支不能按设计均匀的受力，最大的力在一个分支上，那将是设计角度临近分支最大承受力的总和。同样的结果在四组合吊具中，如果不是刚性负载，将同样计算在内。值得注意的是，对于刚性负载，大部分力或许被其中三支或甚至两支承担，剩余的那支仅仅保护负载的平衡。

（5）吊具的保护

吊装时，吊索须远离尖锐边缘、摩擦和磨损。不论是远离负载还是起重用具，应该保护吊索的恰当部分不受尖锐边缘和磨损的破坏，必要的额外加强保护补充是必需的。

（6）起重时注意负载平衡

在起重过程中，必须采用安全的方式使用吊索，不能让负载倾斜或从吊索中滑落；必须安排吊索在负载的重心和吊装点的直上方，让负载平衡、稳定。假如负载重心不在吊点之下，运动中的吊索可能越过起重点，导致危险。

（7）注意吊具采用的吊装方式

如果使用吊篮，可以保证负载安全，因为没有像锁吊那样的锁紧行为，并且吊索可以翻转穿过起重点，推荐两支吊索一起使用。吊索的肢体悬挂尽可能的垂直，有利于确保负载在分支间平等分担。当扁平吊索锁吊时，应该允许安放自然角度（120°）的状态，从而避免由于摩擦产生热，吊索既不受处于强力强制位置，也不企图制造紧的夹口，正确的安全方式采用一个吊索的双倍锁吊，双倍锁吊保证安全和预防负载从吊索中滑落。

（8）确保人员安全

在吊装过程中，要密切注意，确保人员安全，必须警告在危险状态下的人员，假如需要，立即从危险地带撤出。手或身体的其他部位必须远离吊具，防止当吊具松弛时受到伤害。

（9）吊装过程中必须采用示范性方式起吊

必须采用示范性的吊装，吊索从松弛地拿起直到吊索拉紧，负载逐渐被提升到预定的位置，特别重要的是在吊篮或自由的拉紧时摩擦力承担负载。

（10）控制负载的旋转

如果负载趋向于倾斜，必须放下起重物，确保负载受到约束，防止负载意外的旋转。

（11）避免吊具的碰撞、拖、拉、摩擦、振荡，防止吊具的损坏

在吊装时，必须注意确保负载受到约束，防止意外翻转或和其他物体碰撞。避免拖、拉或振荡负载，如果那样将增加索具的受力。假如索具在承受负载，或负载压在索具上时，不能在地面或粗糙的物体表面拖拉吊索具。

（12）负载的降落

当起吊时，负载应该在平等制约的情况下降落。

（13）吊具的正确储藏

当吊具完成起重操作后，必须正确的储藏。假如不再使用，吊具必须储藏在干净、干燥、良好的通风条件下，并且安放在架子上，远离热源、可能侵蚀外表的气体、化学品、直射太阳光或其他强的紫外线照射。优先使用的物品，必须检查吊索在使用过程中发生的任何损伤，不再储藏已经损坏的吊索。当起重时，吊索受到酸碱的污染，用水稀释或用相应稀释剂去中和。稀释剂必须严格依据起重吊索的材料或参照供应商的推荐。吊索在使用中变湿，或者由于清洁的原因，可以挂起来，自然晾干。

起重吊具常用钢丝绳、起重链、麻绳等绳索，不得超载使用。

6.3 物体的稳定、吊点的选择及吊装方法

在生产施工中构件的吊装、大型设备整体翻转以及各种物体的运输吊装，都遵循和运用物体重力与外力平衡的规律进行作业，否则由于吊点选择不当，起吊时物体就会失去平衡，造成翻倒或滑脱事故。因此，在起重作业中，确定被吊物体的重心位置是重要的基础环节。

6.3.1 物体的稳定

对于起重作业来说，保证物体的稳定条件可从两个方面考虑：一是物体放置时应保证有可靠的稳定性，不倾倒；二是吊装运输过程中应有可靠的稳定性，保证正常吊运过程不倾斜或翻转。

放置物体时，物体的重心作用线接近或超过物体支承面边缘时（倾翻临界线）物体是不稳定的。物体的重心越低，支承面越大，物体所处的状态越稳定。

吊运物体时，为保证吊运过程中物体的稳定性，防止提升、运输中发生倾斜、摆动或翻转，应使吊钩吊点与被吊物重心在同一条铅垂线上。

6.3.2 物体吊点选择的原则

在吊装物体时，为避免物体的倾斜、翻转、转动，应根据物体的形状特点、重心位置，正确选择起吊点，使物体在吊运过程中有足够的稳定性，以免发生事故。

（1）试吊法选择吊点

在一般吊装工作中，多数起重作业并不需用计算法去准确计算物体的重心位置，而是估计物件重心位置，采用低位试吊的方法来逐步找到重心，从而确定吊点的绑扎位置。

（2）有起吊耳环的物件

对于有起吊耳环的物件，应使用耳环作为连接物体的吊点。在吊装前应检查耳环是否完好，必要时可加保护性辅助吊索。

（3）长形物体吊点的选择

1）用一个吊点时，吊点位置应在距离起吊端 0.3L（L 为物体长度）处，如图 6-6 所示。

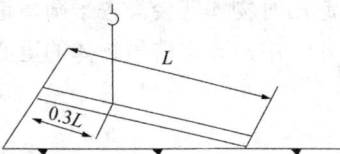

图 6-6　一个吊点

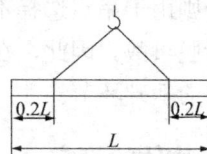

图 6-7　两个吊点

2）用两个吊点时，吊点距物体两端的距离为 0.2L 处，如图 6-7 所示。

3）用三个吊点时，其中两端的吊点距离两端的跨度为 0.13L，而中间吊点的位置应在物体中心，如图 6-8 所示。

4）用四个吊点时，两端的两个吊点与两端的距离为 0.095L，中间两个吊点的跨度为 0.27L，如图 6-9 所示。

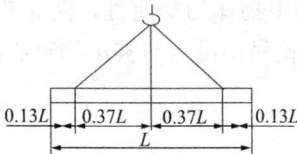

图 6-8　三个吊点

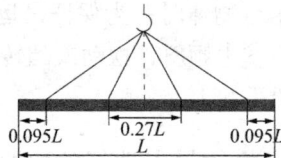

图 6-9　四个吊点

（4）方形物体吊点的选择

吊装方形物体一般采用四个吊点，四个吊点位置应选择在四边对称的位置上，吊钩吊点应与吊物重心在同一条铅垂线上，使吊物处于稳定平衡状态。

（5）机械设备安装平衡辅助吊点

在机械设备安装精度要求较高时，为保证安全顺利地装配，可采用确定主吊点后选择辅助吊点，配合简易吊具调节机件平衡的吊装法。通常多采用环链手拉葫芦调节机体的水平位置。

（6）两台起重机吊同一物体时吊点的选择

物体的重量超过一台起重机的额定起重量时，通常采用两台起重机使用平衡梁吊运物体的方法，如图 6-10 和图 6-11 所示。

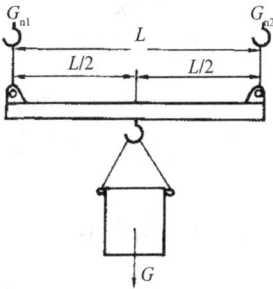

图 6-10　起重量相同时的吊点　　图 6-11　起重量不同时的吊点

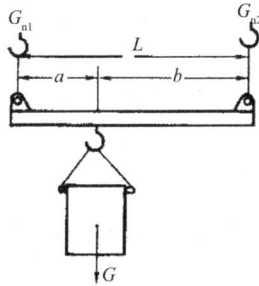

此方法应满足以下两个条件：

1）被吊装物体的重量与平衡梁重量之和应小于两台起重机额定起重量之和，并且每台起重机的起重量应留有 1.2 倍的安全系数。

2）利用平衡梁合理分配载荷，使两台起重机均不能超载。在两台起重机同时吊运一个物体时，正确地指挥两台起重机统一动作是安全完成吊装工作的关键。

6.3.3　正确吊挂

（1）吊具的承载能力不但与所用吊索（绳或链）的规格（截面大小）、吊索分支多少、起吊方法等因素有关，而且与分支吊索之间的夹角大小有关。夹角增大，吊索受到的拉力增大，为了起重吊挂安全，两吊索间的夹角不宜超过 120°（或者说，吊索与铅垂线的夹角不宜超过 60°）。

（2）不宜用单根钢丝绳来吊运重物，否则在吊物重力的作用下，这根钢丝绳或麻绳会扭转返松，甚至拉断，捆绑吊挂不得与吊物的棱角边直接接触，应该用衬垫保护。

（3）预防吊挂绳脱钩，可在吊钩上设置防脱钩装置。吊索挂在吊钩上采用钩扣的方法也可以防吊索脱钩，如图6-12所示。

（4）要保持吊物平衡，可调整吊索在吊物上的吊挂位置，或调整吊挂绳的长度，也可以用手动葫芦来调节，如图6-13所示。

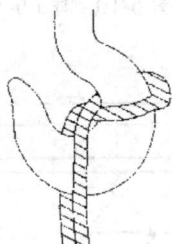

图6-12　防吊索脱钩的方法　　　　图6-13　调整吊物平衡

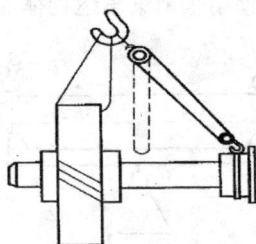

（5）起重吊运大型精密设备和超长物件时，为防止吊物变形损坏，吊物既要保持平衡又不要被吊具擦伤，并且要防止变形，可采用平衡架及临时加固的方法，如图6-14和图6-15所示。

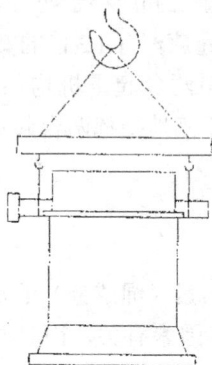

图6-14　使用平衡架起吊　　　　图6-15　临时加固起吊

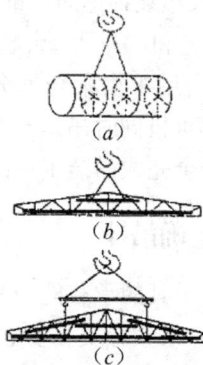

6.4　物体重量简易计算

金属材料理论重量计算方法（重量单位为千克kg，长度单位为米m）

（1）角钢：每米重量＝0.00785×（边宽＋边宽－边厚）×边厚

例题：∠40×40×4角钢每米重量＝0.00785×（40＋40－4）×4＝2.39kg

（2）圆钢：每米重量＝0.00617×直径×直径（螺纹钢和圆钢相同）

例题：直径为100mm圆钢每米重量＝0.00617×100×100＝61.7kg

（3）扁钢：每米重量＝0.00785×厚度×边宽

例题：100×10扁钢每米重量＝0.00785×100×10＝7.85kg

（4）管材：每米重量＝0.02466×外径×（外径－壁厚）

例题：管材外径100mm，壁厚10mm，每米重量＝0.02466×10×（100－10）＝22.20kg

（5）板材：每平方米重量＝7.85×厚度

例题：壁厚10mm板材每平方米重量＝7.85×10＝78.5kg

第二篇　专业技术理论和安全操作技能篇

第7章 施工升降机的分类和基本技术参数

7.1 施工升降机概述

施工升降机是指临时安装的、带有导向的平台、吊笼或其他运载装置并可在建设施工工地各层站停靠服务的升降机械。它们广泛用于建筑施工如工业与民用建筑、桥梁施工、井下施工等场所，也用于仓库、码头、高塔等固定设施的垂直运输，专门用来运送人员及物料到各个不同的楼层。如图 7-1 所示是正在房屋建筑工地上使用的施工升降机。

图 7-1 使用中的施工升降机

7.2 施工升降机型号

施工升降机的型号由组、型、特性、主参数和变型更新等代号组成。型号编制方法如下：

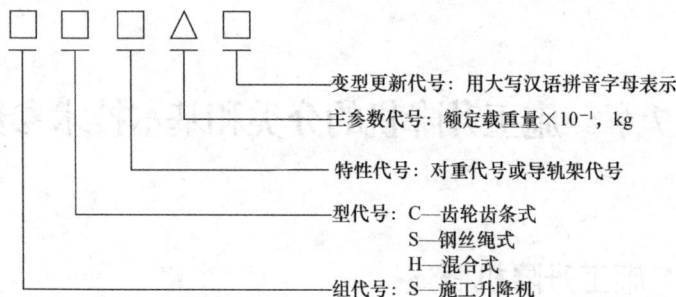

```
□  □  □  △  □
            └─── 变型更新代号：用大写汉语拼音字母表示
         └────── 主参数代号：额定载重量×10⁻¹，kg
      └───────── 特性代号：对重代号或导轨架代号
   └──────────── 型代号：C—齿轮齿条式
                        S—钢丝绳式
                        H—混合式
└─────────────── 组代号：S—施工升降机
```

（1）主参数代号

单吊笼施工升降机标注一个数值，双吊笼施工升降机标注两个数值，用符号"/"分开，每个数值均为一个吊笼的额定载重量代号。对于 SH 型施工升降机，前者为齿轮齿条传动吊笼的额定载重量代号，后者为钢丝绳提升吊笼的额定载重量代号。

（2）特性代号

特性代号是表示施工升降机两个主要特性的符号。

1）对重代号：有对重时标注 D，无对重时省略。目前建筑工地使用的施工升降机以无对重的施工升降机为主。

2）导轨架代号：对于 SC 型施工升降机：三角形截面标注 T；矩形或片式截面省略；倾斜式或曲线式导轨架则不论何种截面均标注 Q。

对于 SS 型施工升降机：导轨架为两柱时标注 E，单柱导轨架内包容时标注 B，不包容时省略。

施工升降机各个型号代号举例说明如下：

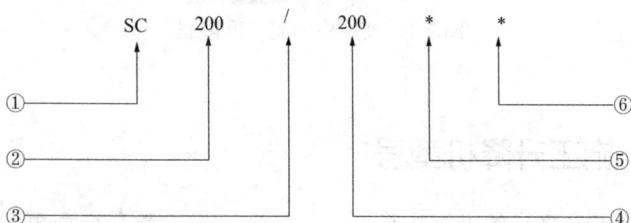

```
        SC   200   /   200   *   *

①──────────┘                         └──────⑥
②───────────────┘                 └─────────⑤
③──────────────────┘         └──────────────④
```

①"S"，组代号，表示施工升降机；"C"，型代号，表示齿轮齿条式（钢丝绳式用"S"表示，混合式用"H"表示）。

②"200"表示该施工升降机的额定载重量为2000kg。

③"/"和④"200"表示双吊笼升降机，另一吊笼的额定载重量为2000kg。

⑤、⑥是升降机其他性能的说明，国内各企业都有自己的标注方式，通常用以标识升降机的提升速度或者具体运行方式。

另外，如果是有带对重的升降机，在①和②之间加"D"字标识。当导轨架是倾斜式或曲线式时，则在①和②之间加"Q"字标识。

（3）标记示例

1）齿轮齿条式施工升降机，双吊笼且带有对重，一个吊笼的额定载重量为2000kg，另一个吊笼的额定载重量为2500kg，导轨架横截面为矩形，可表示为：

施工升降机 SCD200/250

2）钢丝绳式施工升降机，单柱导轨架横截面为矩形，导轨架内包容一个吊笼，额定载重量为3200 kg，第一次变型更新，可表示为：

施工升降机 SSB320A

7.3 施工升降机的分类

7.3.1 按传动形式的不同划分

施工升降机可分为齿轮齿条式、钢丝绳式和混合式三种。

1. 齿轮齿条式施工升降机

该施工升降机的传动方式为齿轮齿条式，动力驱动装置均通过减速器带动小齿轮转动，再由传动小齿轮和导轨架上的齿条啮合，通过小齿轮的转动带动吊笼升降，每个吊笼上均装有渐进式防坠安全器，如图7-2所示。

图 7-2　齿轮齿条式施工升降机

普通（双驱动或三驱动）施工升降机是采用专用双驱动或三驱动电机作动力，其起升速度一般约为 36m/min。采用双驱动的施工升降机通常带有对重。其导轨架由标准节通过高强度螺栓连接组装而成的直立结构形式，在建筑施工中广泛使用。

2. 钢丝绳式施工升降机

钢丝绳式施工升降机是采用钢丝绳提升的施工升降机，可分为人货两用施工升降机和货用施工升降机两种类型。

（1）人货两用施工升降机

人货两用施工升降机是用于运载人员和货物的施工升降机。它是由提升钢丝绳通过导轨架顶上的导向滑轮，用设置在地面上的曳引机（卷扬机）使吊笼沿导轨架作上下运动的一种施工升降机，如图 7-3 所示。

该机型每个吊笼设有防坠、限速双重功能的防坠安全装置，当吊笼超速下行或其悬挂装置断裂时，该装置能将吊笼制停并保持静止状态。对重的钢丝绳不得少于两根，且相互独立。每根钢丝绳的安全系数不应小于 6；直径不应小于 9mm。

（2）货用施工升降机

货用施工升降机是只用于运载货物，禁止运载人员的施工升降机，如图 7-4 所示。提升钢丝绳通过导轨架顶上的导向滑轮，用设置在地面上的卷扬机（曳引机）使吊笼沿导轨架作上下运动的一种施工升降机。

图 7-3　钢丝绳式人货两
用施工升降机

图 7-4　货用施工升降机

3. 混合式施工升降机

该机型为一个吊笼采用齿轮齿条传动，另一个吊笼采用钢丝绳提升的施工升降机。目前建筑施工中很少使用。

7.3.2　按导轨架结构形式的不同划分

施工升降机可分为直立式、倾斜式和曲线式。

（1）直立式施工升降机

即导轨架垂直于支撑基础安装的施工升降机。

（2）倾斜式施工升降机

倾斜式施工升降机是根据特殊形状的建筑物的施工需要而产生的，其吊笼在运行过程中应始终保持垂直状态，导轨架按建筑物需要倾斜安装，吊笼两受力立柱与吊笼框制作成倾斜形式，其倾斜度与导轨架一致。由于吊笼的两立柱、导轨架、齿条与吊笼都有一个倾斜度，故驱动装置布置形式呈阶梯状，如图 7-5 所示。

倾斜式施工升降机与直立式施工升降机主要区别是导轨架的

倾斜度由底座的形式和附墙架的长短来决定。附墙架设有长度调节装置，以便在安装中调节附墙架的长短，保证导轨架的倾斜度和直线度。

图 7-5　倾斜式施工升降机

（3）曲线式施工升降机

曲线式施工升降机无对重，导轨架采用矩形截面或片状方式，通过附墙架或直接与建筑物内外壁面进行直线、斜线和曲线架设。该机型主要应用于电厂冷却塔和曲线外形的建筑物施工中。如图 7-6 所示。

图 7-6　曲线式施工升降机

7.4 施工升降机基本技术参数

施工升降机的基本技术参数主要有:

(1) 额定载重量: 工作工况下吊笼允许的最大载荷。常见施工升降机额定载重量为 1000kg、2000kg、2500kg。

(2) 额定安装载重量: 是指安装工况下吊笼允许的最大载荷。

(3) 额定乘员数: 包括司机在内的吊笼限乘人数。

(4) 额定提升速度: 吊笼装载额定载重量, 在额定功率下稳定上升的设计速度。常见施工升降机额定提升速度为 36m/min、48m/min、96m/min。

(5) 最大独立高度: 导轨架在无侧面附着时, 能保证施工升降机正常作业的最大架设高度。

(6) 最大架设高度: 该型号施工升降机导轨架允许架设的最大高度。常见施工升降机导轨架最大架设高度为 150m, 假如最大架设高度超过 150m, 则导轨架下部标准节要用加强节, 并且普通标准节的数量不超过 93 节。

(7) 附墙架最大间距: 相邻附墙架之间允许的最大间距。常见施工升降机附墙架最大间距为 9m。

(8) 导轨架顶端自由高度: 最上一道附墙架以上允许的最大导轨架架设高度。常见施工升降机最大自由端高度为 7.5 ～ 9m。

(9) 电机功率: 通常为 3×11kW、3×17.5kW。

如表 7-1 所示为国内某厂家生产的 SC200/200 型变频调速施工升降机主要技术参数表。

国内某厂家 SC200/200 型施工升降机的主要技术参数　表 7-1

主要技术参数	单位	参数值
额定载重量	kg	2×2000
额定乘员数	人	2×24

主要技术参数	单位	参数值
额定安装载重量	kg	2×1000
最大架设高度	m	260
额定提升速度	m/min	0～63
额定电压	V	380
电机功率	kW	2×3×11
供电熔断器电流	A	2×160
变频器功率	kW	2×75
防坠安全器型号		SAJ50-1.4
导轨架顶端自由高度	m	≤7.5

从该施工升降机的主要技术参数表可以得知，该施工升降机是双吊笼，每个吊笼额定载重量为 2000kg 的施工升降机，最大架设高度为 260m，导轨架顶端自由高度不得超过 7.5m。如果单纯载人每个吊笼最多装载 24 人，而在进行安装或者拆卸时允许装载 1000kg。

该施工升降机采用变频调速驱动型式，额定提升速度是 0～63m/min，每个吊笼配置 3 台 11kW 电机和 75kW 变频器，供电熔断器电流是 160A。

该施工升降机配置的防坠安全器型号是 SAJ50-1.4，表示防坠安全器额定负载为 50kN，标定动作速度 1.4m/s。

第8章 施工升降机基本组成和工作原理

施工升降机一般由金属结构、驱动装置、安全装置和电气控制系统等四部分组成。这里以目前建筑施工使用广泛的齿轮齿条式施工升降机为例来介绍它们的基本组成。

齿轮齿条式施工升降机的主要部件有底架、地面防护围栏、导轨架（标准节）、吊笼、传动机构、附墙架、电缆导向装置、对重系统、吊杆、层门、电气控制系统、安全装置和其他辅助系统等，如图8-1所示。

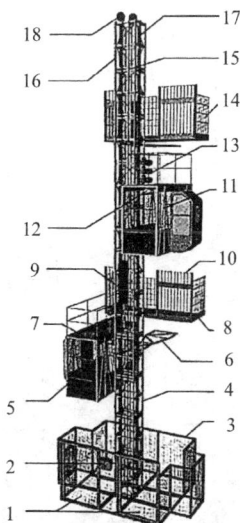

图8-1　施工升降机基本组成示意图

1—地面防护围栏门；2—开关箱；3—地面防护围栏；4—导轨架（标准节）；
5—吊笼门；6—附墙架；7—紧急逃离门；8—层站；9—对重；10—层门；
11—吊笼；12—防坠安全器；13—传动机构；14—层站栏杆；15—对重系统；
16—导轨；17—齿条；18—天轮

8.1 吊笼

吊笼是用来运载人员或货物的笼形部件，以及用来运载物料的带有侧护栏的平台或斗状容器的总称，它是施工升降机的主要运动部件，通过齿轮齿条啮合传递动力实现上下运行的。

吊笼内空间大小即吊笼净空尺寸通常用长 × 宽 × 高来表示，如某厂家施工升降机吊笼净空尺寸为3200mm×1500mm×2500mm，则表示该吊笼内部的平面尺寸为：长是3.2m，宽是1.5m，使用空间高度是2.5m。

吊笼一般是用型钢、钢板和钢板网等焊接而成，如图8-2所示，吊笼设有前后进出门或侧门，一侧装有驾驶室，主要操作开关均设置在驾驶室内。吊笼上安装了数对导向滚轮，可以沿导轨架上下运行。吊笼顶上四周有安全围栏，笼顶作为施工升降机安装或者拆卸的工作平台。笼顶上设有一天窗作为紧急逃离出口，在出现紧急的情况下可以使用吊笼内配置的小梯子通过天窗紧急

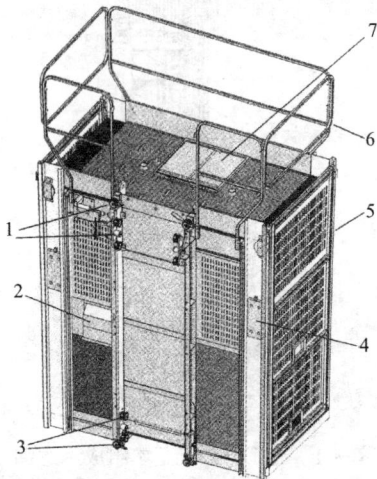

图8-2 吊笼示意图

1—上导向滚轮；2—操作台；3—下导向滚轮；4—门配重；5—吊笼门；
6—安全围栏；7—紧急逃离出口

逃离。天窗设有电气联锁装置，假如天窗被打开或没关好，则吊笼会停止或不能启动。

为了确保吊笼运行的平稳性和可靠性，标准节的安装除了使用高强度螺栓固定之外，还在标准节立管和齿条两端配有定位销和定位孔，以确保导轨架的平直度。

吊笼门的形式有很多种，通常是在门上安装有滑轮、滑道和门配重，使吊笼门可以沿着吊笼上的滑道上下或左右滑动开启，如图8-3所示。

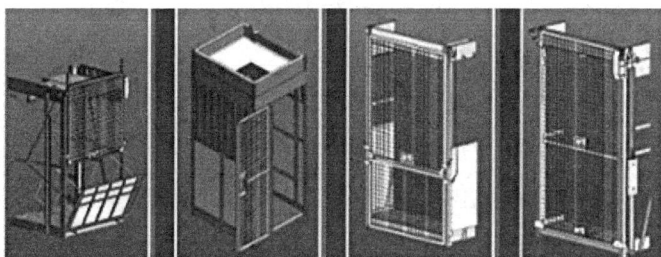

图8-3 吊笼门的形式
(a) 翻转门；(b) 推拉门；(c) 双开门；(d) 单开门

(1) 翻转门，也是两扇门，上面一扇门往上开启，下面一扇门以下端为转轴往外翻转，两扇门自平衡重量。

(2) 推拉门，上下各一滑道或滚轮，可以向一侧或两侧开启。

(3) 双开门，即两扇门，分别往上或往下开启，两扇门自平衡重量。

(4) 单开门，通常往上开启，两侧加有配重块。

吊笼门上安装有机械门锁和电器行程开关双联锁装置，如图8-4所示。这样在吊笼运行过程中，吊笼门无法从内部开启。只有到达相应的楼层位置时，通过安装在地面防护围栏或者层门上的开关板（或碰铁）来开启门锁。电器行程开关会将吊笼门的状态信号（开启或关闭）发向电气控制箱，在吊笼门被打开（或未完全关闭）时该开关能有效切断控制回路电源，使吊笼停止或无法启动。

図 8-4 吊笼双联锁装置
1—门刀；2—行程开关

　　吊笼上有两根立柱（也称大梁），立柱上安装有数对导向滚轮，使吊笼能够抱住导轨架，并在其上做上下运行。吊笼上还安装有至少一对安全保护钩（如图 8-5 所示），它的作用是即使导向滚轮螺栓损坏，甚至折断脱出之后，也能使吊笼保持在导轨架之上。

图 8-5　安全保护钩
1—上导向滚轮；2—安全保护钩；3—立柱

8.2　传动机构

　　传动机构一般由电动机、减速机、电磁制动器、弹性联轴器、传动齿轮、安装大板、传动小车架和滚轮等组成，如图 8-6

所示。传动机构通过减速机输出端齿轮与导轨架上的齿条啮合，来带动传动机构和吊笼上下运行。

传动机构与吊笼之间采用专用销轴连接，滚轮将整个传动机构锁定在导轨架上，使其只能沿导轨架上下运行，传动机构同样也安装至少一对安全保护钩，防止滚轮损坏时传动机构脱离导轨架。

每台升降机通常都是根据技术要求（如足够的功率和扭矩，适合的安全系数等）配置电机和减速机，所以当有电机或减速机损坏时，应由具有相应资质的专业公司和专业人员进行处理。此外，还要注意的是不同额定功率、不同额定转速的电机不能组合使用。

图 8-6　三驱动传动机构
1—传动小车架；2—安装大板；3—减速机；
4—联轴器；5—电动机；6—制动器

施工升降机的超载检测装置通常安装在传动机构与吊笼之间，工作时能够检测出吊笼是否超载。当吊笼内载荷超过额定载重量 10% 以上时，超载检测装置在吊笼内会给出清晰的信号，并阻止吊笼正常启动。

施工升降机使用的电动机均有断电制动功能，如图8-7所示。当通电工作时，电磁铁产生吸力，使摩擦片与摩擦盘脱离接触，电机能够转动工作。当断电后，摩擦片在弹簧力的作用下，重新压紧摩擦盘，使电机转子不能转动。

图 8-7　施工升降机使用的电动机
1—摩擦盘；2—摩擦片；3—手动释放装置；4—电磁铁绕线组

图 8-8　手动释放刹车装置

电动机末端的制动器上都有手动释放刹车装置见图8-8，在遇到紧急情况下可以用来人工手动释放刹车，使吊笼下滑。手动下降操作时，将电动机末端的手动释放刹车装置缓缓向外拉出，使吊笼慢慢地下降。吊笼下降时，手动释放刹车时应间断进行，每次仅能下滑较短的距离，以不超过吊笼的正常速度为限，万一超速，防坠安全器将动作，使吊笼停止。此时必须将防坠安全器复位后，才能再次下滑吊笼。吊笼每下滑 20m 距离后，应停止 1min，让电动机制动器冷却后再行下降，防止制动器因过热而损坏。在吊笼顶上作业应注意安全，手动下降必须由专业人员进行操纵。

8.3　导轨架（标准节）

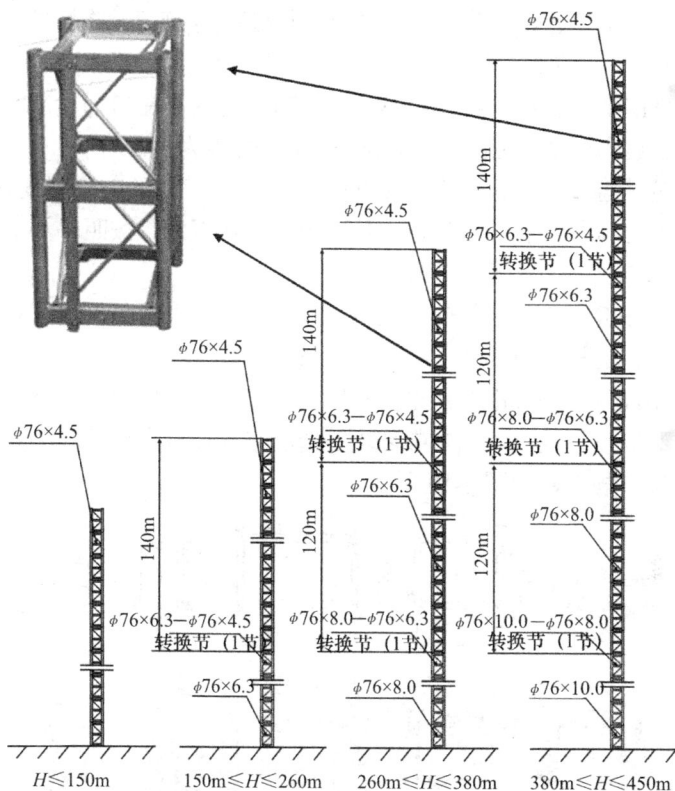

注：H 为导轨架安装高度。

图 8-9　导轨架（标准节）高度配置图

　　通常把用以支撑和引导吊笼、对重（有对重时）等装置运行的金属构架称作导轨架。它是由若干个施工升降机的标准节装配好齿条后，用高强度螺栓联接而成。标准节作为导轨架的主要构件，通常是可以实现互换的标准件。其结构一般由四根布置在四角作为立管的钢管和作为水平杆、斜腹杆的角钢、圆钢管焊接而成。标准节的规格常用长×宽×高来表示，最常见的标准节高度尺寸为 1508mm，规格的选择主要根据导轨架安装高度而定，比较常用的规格是 650mm×650mm×1508mm，重量约为 140 kg。标准节的四条立管通常是直径为 ϕ76mm 的钢管，根据高度和载重要求应采用不同厚度的钢管。如图 8-9 所示，是国内某厂家施工升降机导轨架（标准节）安装不同高度时的配置图，例如当施工升降机安装高度为 200m 时，总共需要安装 133 节标准节，其中下端 40 节标准节立管的厚度为 δ6.3，上面 93 节标准节立管的厚度为 δ4.5。

通常随着高度的变化，标准节立管的厚度也随着进行变化，安装时必须把立管厚度较厚的标准节安装在下面，按照"从下到上，由厚到薄"的原则来安装。

单吊笼施工升降机的标准节只需要安装一根齿条，双吊笼施工升降机的标准节需要安装两根齿条。

不同厂家的标准节规格会有所不同，主要是根据施工升降机的安装高度、载重量和安装环境等情况来选择。常见的施工升降机标准节规格，如图 8-10 所示。

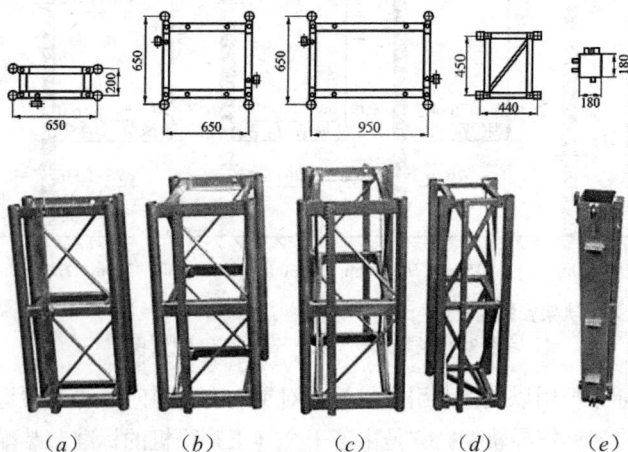

(a) $\qquad$ (b) $\qquad$ (c) $\qquad$ (d) $\qquad$ (e)

图 8-10　各种规格的标准节

（1）如图 8-10（*a*）所示，标准节规格为 650mm×200mm×1508mm，可用于曲线梯和各种特殊安装环境。

（2）如图 8-10（*b*）所示，标准节规格为 650mm×650mm×1508mm，可用于普通型升降机。

（3）如图 8-10（*c*）所示，标准节规格为 650mm×950mm×1508mm，可用于重型、超重型升降机。

（4）如图 8-10（*d*）所示，标准节规格为 450mm×450mm×1508mm，可用于轻型、小型升降机。

（5）如图 8-10（*e*）所示，标准节规格为 180mm×180mm×1508mm，方管式，可用于小型升降机。

8.4 地面防护围栏和底架

在施工升降机运行时为了确保地面工作人员的安全，每台施工升降机都配置地面防护围栏（俗称外笼）。地面防护围栏一般由前围栏、围栏门、电源柜、侧围栏、后围栏、检修门、门配重、吊笼门锁碰铁和行程开关等组成，如图 8-11 所示。地面防护围栏应围成一周，高度应不小于 2.0m，其作用主要是防止吊笼离开基础平台后，人或物进入到基础平台里面造成伤害。

在吊笼的围栏门和检修门上都安装有门刀和行程开关，如图 8-12 所示。只有当施工升降机吊笼运行至底部地面防护围栏规定位置时，吊笼上的开关板碰开门刀后，围栏门才能开启。当吊笼停止在停层站时，若此时围栏门（检修门）被打开或未完全关闭，则电气控制系统会使吊笼不能启动。当吊笼正在运行时，若有人强行打开围栏门或检修门，则电气控制系统会切断控制回路电源，强迫吊笼停止运行。

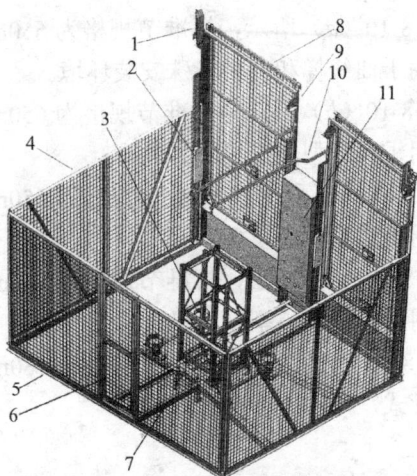

图 8-11　地面防护围栏示意图

1—吊笼门锁碰铁；2—门配重；3—缓冲装置；4—侧围栏；5—后围栏；
6—检修门；7—底架；8—围栏门；9—前围栏；10—门支撑；11—电源柜

图 8-12　地面防护围栏上的门刀锁和行程开关

1—门刀；2—开关板；3—行程开关

底架是安装施工升降机导轨架及防护围栏等构件的机架，它主要由底盘和缓冲装置组成，如图 8-13 所示。底架应能承受施工升降机作用在其上的所有载荷，并能有效地将载荷传递到其支承面上。

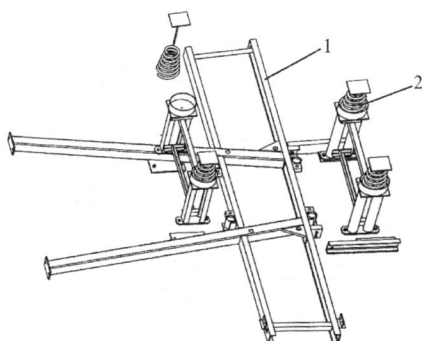

图 8-13 底架
1—底盘；2—缓冲装置

8.5 附墙架

附墙架是连接导轨架和建筑物或其他固定结构，为导轨架提供侧向支撑的构件。它的主要作用是用于固定导轨架，防止导轨架移动，从而造成整个导轨架倾斜甚至倒塌。附墙架的安装是否正确，直接关系到整个导轨架的安全，它本身的设计应能够承受各种工况和环境因素等造成的各种载荷。

附墙架与建筑物（墙体）联接通常有多种形式，如图 8-14所示，附墙架与附着物之间不得使用膨胀螺栓连接。

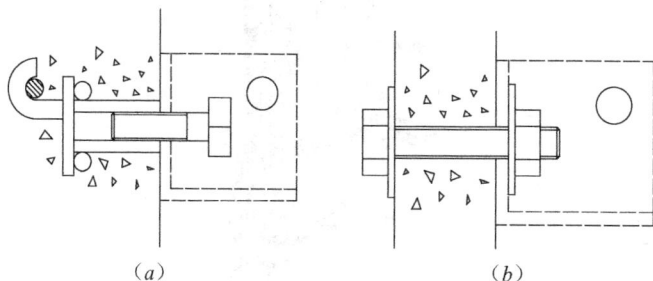

（a）   （b）

图 8-14 附墙架与建筑物（墙体）联接形式（一）
（a）与墙上的预埋件相联接;（b）用穿墙螺栓固定

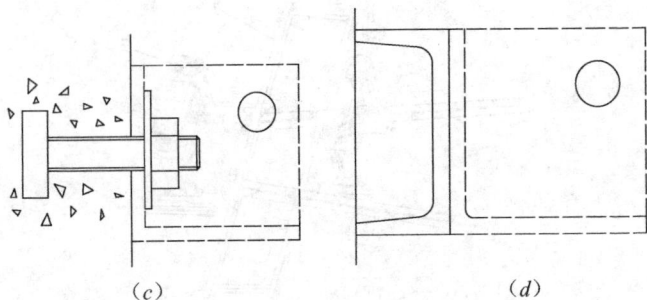

图 8-14　附墙架与建筑物（墙体）联接形式（二）

（*c*）用预埋螺栓固定；（*d*）与钢结构焊接

　　附墙架的形式是根据所用施工升降机的类型和现场的具体安装状况来选用的。因为每一个安装点到导轨架的距离都不可能绝对相等，所以附墙架应是可以调节距离的。根据建筑物结构和施工升降机的位置不同，附墙架结构可分为Ⅰ型、Ⅱ型、Ⅲ型和Ⅳ型等四种形式，如图 8-15 所示。

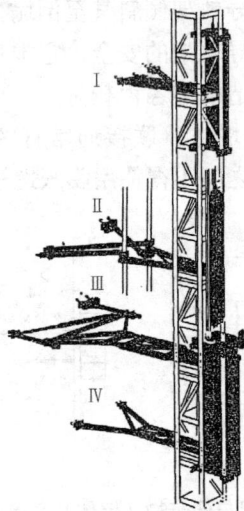

图 8-15　常见附墙架结构形式

目前在建筑工地上常用的附墙架结构形式如图 8-16 所示。

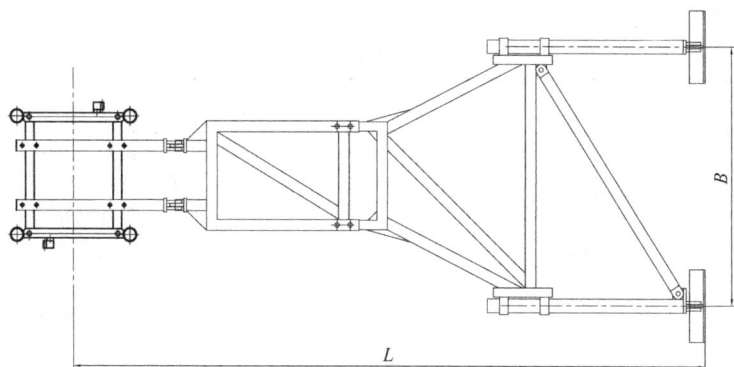

图 8-16　常用的附墙架结构形式示意图

通常情况下，生产厂家提供的使用说明书均会说明附墙架作用于建筑物上的力的计算方法。如果没有，一般是采用下面公式计算：

$$F = \frac{L \times 60}{B \times 2.05} \qquad (8\text{-}1)$$

式中　L——附墙距离；

　　　B——附墙架与建筑物固定的两个受力点的距离。

8.6　电缆导向装置

电缆导向装置是用于防止随行电缆缠绕并引导其准确进入电缆储筒的装置，是为了保护电缆而设置的。在吊笼上下运行时，电缆保护装置能保护随行电缆不偏离电缆通道，保持在工作规定的位置，确保供给吊笼的电力正常。

电缆导向装置是施工升降机的可选配件，使用单位会根据现场环境（如导轨架安装高度）来选择合适的电缆导向装置。由于电缆是柔性体，电缆导向装置在设计时已尽量使电缆在多种极端情况下避免与施工升降机上其他部件发生碰撞、挂扯，但在日常工作中，仍要经常留意和检查它的运行情况。

电缆导向装置通常有电缆筒、电缆小车、电缆滑车和电缆滑触线等四种形式，如表 8-1 所示。

电缆导向装置的形式 表 8-1

形式	说明
电缆筒	圆筒状（筒的大小和高度由安装高度和使用的电缆规格决定），电缆下端一头直接由外线接入，上端一头固定在托架上，整体卷放在筒内，当升降机向上运行时，电缆从筒内被抽出，向下运行时，电缆在自身圈绕惯性及重力的作用下自动卷入筒内。电缆筒固定在底盘上
电缆小车	电缆小车主要由滚轮、框架和大滑轮组成。当升降机向上运行时，电缆带着电缆小车向上运行；当升降机向下运行时，电缆小车带着电缆跟着向下运行。不管是向上还是向下，电缆都处于一种拉紧状态。电缆小车可以安装在吊笼正下方或在导轨架吊笼的对面
电缆滑车	电缆滑车主要由工字钢导轨、滑车架、大滑轮和导轨支撑组成。工字钢导轨固定在底盘上，并支撑固定在导轨架侧面，沿着导轨架安装比导轨架一半高度高 3m。滑车架可以沿着工字钢导轨作上下运行，滑车架上装有大滑轮，电缆的穿线方法和使用情况与采用电缆小车相同。双笼时两个滑车架需要共用一条工字钢导轨
电缆滑触线	电缆滑触线主要由带电绝缘导轨，导电接触头和导轨支撑组成。带电绝缘导轨固定支撑在导轨架侧面，安装至导轨架相同高度，带电绝缘导轨下端与接入电缆接连。导电接触头固定在吊笼上，在吊笼上下运行过程中始终与带电绝缘导轨接触

（1）电缆筒

电缆筒的形式如图 8-17 所示，它的结构简单，成本低廉，易受到导轨架安装高度和升降机运行速度的限制，且环境风力对它的影响因素较大，所以使用电缆筒时应注意：

1）当整机安装高度过高时，因电缆本身重量太大，容易拉断，一般要求安装高度不超过 100m。

2）当吊笼运行速度太快时，电缆无法顺畅回收到筒内。

3）当环境风力较大时，电缆晃动幅度也较大，可能会使电缆无法回收到筒内。

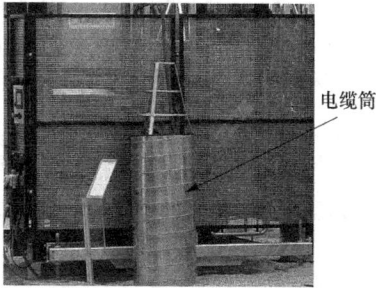

图 8-17　电缆筒

（2）电缆小车

电缆小车是目前使用最广泛的一种电缆导向装置。电缆小车可以安装在导轨架吊笼下方，也可以安装在导轨架吊笼对面，工作形式属于动滑轮机制，小车也是通过若干个滚轮沿导轨架上下运行。如图 8-18 所示，电缆的走线方向是从电源箱接入，先经导轨架内侧中心向上延伸，经导轨架高度中部左右的位置，再通过挑线架向外侧伸出，然后垂直向下绕过电缆小车的大滑轮再向上，最后通过托线架引入吊笼内电控箱。

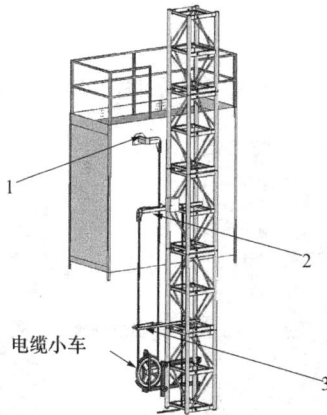

图 8-18　电缆小车
1—托线架；2—挑线架；3—电缆保护架

电缆小车自身没有动力，需要依靠电缆作为牵引拉动。当吊笼处于地面层时，小车紧跟着吊笼之下；当吊笼上升至中间高度时，小车大约处于四分之一高度；当吊笼升至最高时，小车则上升到中间高度。电缆小车的运动速度正好是吊笼速度的一半。

电缆小车有两个主要缺点：

1）牵引时受力点与小车重心不一致，运动时受力总是偏重于大滑轮侧。如果太多沙尘和油泥沾在导轨架上或小车滚轮与导轨架间隙又太小的话，则小车在运行时可能会发生卡阻现象，造成电缆被拉断。

2）要求对应的外笼门槛高度相对较高，一般在 0.45～1.5m 之间。导致安装前做基础时，需要挖出深坑或搭建一个很陡的斜坡平台。

（3）电缆滑车

电缆滑车的结构更复杂，成本也较高，如图 8-19 所示。因为电缆滑车的滑车架是在自己的专用导轨上运行，比起电缆小车借用导轨架造成不平衡的工作方式而言，不容易发生卡阻现象。适用于环境比较恶劣等特殊要求的场合。

图 8-19　电缆滑车

（4）电缆滑触线

电缆滑触线的结构最复杂，如图 8-20 所示，其安装的直线度

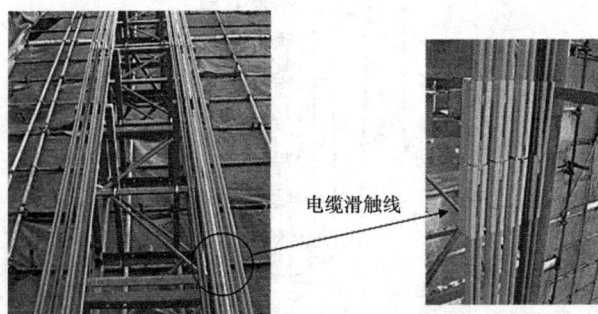

图 8-20　电缆滑触线

和对接方面的要求较高，成本也比较高。但是它不受电缆长度重量的影响，并且导电接触头与带电绝缘导轨之间的导电面积可以做得比较大，电压降比较小，所以安装高度可以相对较高。因为不需要负担电缆重量，因此吊笼负载能力比前三种电缆形式都好。

除了电缆滑触线形式外，其他三种形式的电缆导向装置均要在导轨架的垂直方向上每隔 6m 左右安装一个电缆保护架，这是为了保护电缆而设置的。电缆保护架的作用是在风力影响下及吊笼上下运行时保护电缆，防止电缆与附近的设施或设备缠绕而发生危险。

（5）电缆导向装置的安全技术要求

1）防止电缆导向装置与吊笼、对重碰擦。

2）应按规定安装电缆保护架，不准增大靠近电缆筒口的安装距离或减少甚至取消电缆保护架。

3）及时更换绝缘层老化、破损的电缆。

8.7 层门

为了确保施工升降机的安全运行和现场人员的安全，在地面防护围栏和楼层上的每个停层位置都设置了层门。层门可分为全高度层门和低高度层门两种，地面防护围栏常使用全高度层门，除了地面防护围栏之外，可使用低高度层门。

与普通的门不一样，施工升降机的层门通常具备下面几个基本特点：

（1）层门的强度应符合要求且不应朝升降通道打开，否则吊笼可能会与层门发生碰撞。层门的开、关过程应由吊笼内乘员操作，不得受吊笼运动的直接控制。层门关闭时应全宽度遮住升降通道开口。

（2）装载和卸载时，吊笼门边缘与层站边缘的水平距离应不大于 50mm。

（3）正常作业时，关闭的吊笼门与关闭的层门间的水平距离应不大于 150mm。否则应配备侧面防护装置。侧面防护装置与吊笼或层门之间任何开口的间距应不大于 150mm。

（4）根据《吊笼有垂直导向的人货两用施工升降机》GB 26557—2011 规定：正常作业工况下，对于全高度层门，吊笼底板离预定层站的垂直距离在 ±0.15m 以内时才能打开该层门，否则无法打开任何层门；只有在所有层门都在关闭位置时才能启动或保持吊笼的运行，但采用再平层措施时除外。对于低高度层门，层门应配备可核验其关闭和锁紧位置的联锁装置。该联锁装置的动作应在吊笼门口处控制。只有所有层门都在关闭和锁闭位置时才能启动或保持吊笼的运行，但采用再平层措施时除外。

层门常用型钢做框架，封上钢丝网，并设有牢固可靠的锁紧装置。层门结构形式可以是多种多样的，如双开门、单开门、左右推拉门和自动门等。如图 8-21 所示的层门是一种常见的双开门层门。

图 8-21　双开门层门

8.8 对重系统

与 SC 型施工升降机相比较，SCD 型施工升降机多了一个对重系统。对重系统通常包括对重、天轮、钢丝绳和带导轨的导轨架（标准节）等组成部分，如图 8-22 所示。采用对重系统的缺点是加高时比较麻烦，而且对重钢丝绳与齿条相比，在使用次数相同的情况下，它的使用寿命和安全系数比较低，容易发生故障，例如对重出轨或钢丝绳损坏。

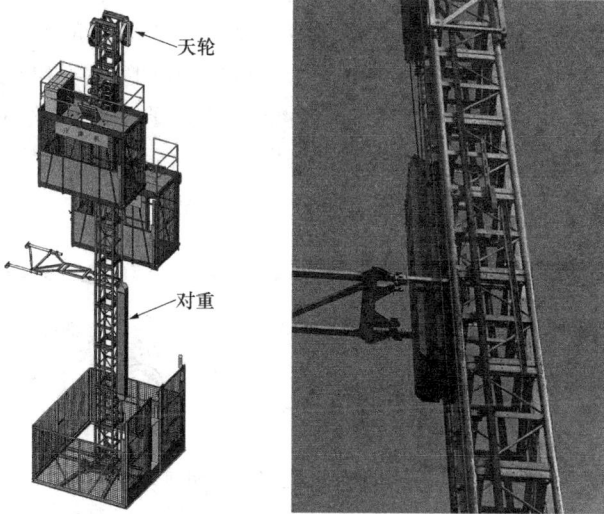

图 8-22 对重系统

（1）对重

对重是对吊笼起平衡作用的重物，一般为长方形铸件或钢材制作而成的箱型结构。使用对重的目的是用来平衡吊笼重量，通过钢丝绳的牵引，在导轨架（标准节）的对重导轨内上下运行。使用对重可以平衡吊笼的重量，从而降低拖动系统（即电机、减速机和变频器等）的配置，提高升降机运行速度并提高各传动部件的寿命。

在不改变电气配置的情况下，还可提高施工升降机的载重量。

（2）天轮

带对重的施工升降机因连接吊笼与对重的钢丝绳需要经过一个定滑轮而工作，故设置天轮。天轮一般有固定式和开启式两种。

（3）对重系统的安全技术要求

1）当吊笼底部碰到缓冲弹簧时，对重上端离开天轮的下端应有500mm的安全距离。

2）当吊笼上升到施工升降机上部触碰上限位后，吊笼停止运行时，吊笼的顶部与天轮的下端应有1.8m的安全距离。

3）对重所使用的钢丝绳应不少于两根，且相互独立，直径应不小于8mm。钢丝绳末端连接（固定）的强度应不小于钢丝绳最小破断载荷的80%。如果钢丝绳的末端固定在升降机的驱动卷筒上，则卷筒上应至少保留两圈钢丝绳。此外，钢丝绳末端应采用可靠的方法连接或固定，如图8-23所示，不得使用可能损害钢丝绳的末端连接装置，如U形螺栓钢丝绳夹。

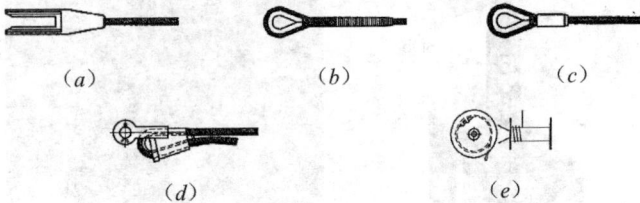

图 8-23 钢丝绳末端连接方法和绳具示例

（a）金属或树脂浇铸的接头；（b）带套环的编结接头；（c）带套环的压制接头；（d）楔形接头；（e）钢丝绳压板（可使钢丝绳在卷筒上有保留圈的钢丝绳固定装置）

4）当悬挂使用两根或两根以上相互独立的钢丝绳时，应设置自动平衡钢丝绳张力装置。当单根钢丝绳过分拉长或破坏时，电气安全装置应停止吊笼的运行。

5）若对重使用填充物，应采取措施防止其窜动。

6）吊笼不应用作另一吊笼的对重。

7）吊笼的上下两端应设有合适的滑靴或滚轮导向。

128

8.9　吊杆

　　并不是每一个施工现场都有其他起重设备可以用来帮助安装或拆卸施工升降机标准节等部件。特别是当施工升降机安装在电梯井这类封闭空间时，要求施工升降机本身必须具有自行安装功能，所以每台施工升降机都会自带一套小型的起重设备——吊杆，如图 8-24 所示。

图 8-24　吊杆

　　吊杆是一个可拆卸的配件。在安装或拆卸施工升降机时把吊杆安装在吊笼顶上，专门用来起吊标准节或附墙架等部件，起重能力一般不大于 250kg。吊杆不允许作其他用途。

　　常用吊杆分为手动吊杆和电动吊杆。

　　对于手动吊杆，物件的起吊和放下都需要操作人员通过摇杆人力完成。凡是人力吊杆都有制动功能，即起吊重物时往一个方向摇杆，反方向是制动的；但当下放重物时，可以转换方向摇杆且有限速制动。

8.10　驱动装置

　　齿轮齿条式施工升降机的驱动装置包括电动机、减速器、传动齿轮和齿条、制动器等组成部分。如图 8-6 所示，导轨架上固定的齿条和吊笼上的传动齿轮啮合在一起，传动机构通过电动机、减速器和传动齿轮转动使吊笼上下运动。

齿轮齿条式施工升降机的驱动装置一般有外挂式和内置式两种；按传动机构的配置数量来分有双驱动和三驱动两种。

为了保证传动方式的安全有效，在传动机构齿条的背面设置了两套背轮，通过调节背轮使传动齿轮和齿条的啮合间隙符合要求。此外，在齿条的背面还设置了两个齿条挡块，以确保在紧急情况下传动齿轮不会脱离齿条，如图 8-25 所示。

图 8-25　背轮和齿条挡块
1—传动齿轮；2—背轮；3—齿条挡块

8.11　电气控制系统

8.11.1　施工升降机电气控制系统的组成

齿轮齿条式施工升降机的电气控制系统主要由主电路、主控制电路和辅助电路组成，如图 8-26 所示为一双驱动施工升降机电气控制原理图，其电气符号、名称见表 8-2。

（1）主电路主要有电动机、断路器、热继电器、电磁制动器和相序断相保护器等电气元件组成。

（2）主控制电路主要有分断路器、按钮、交流接触器、控制变压器、安全开关、急停按钮和照明灯等电气元件组成。

（3）辅助电路一般有顶升加节、坠落试验和吊杆等控制电路。

1）顶升加节控制电路由插座、按钮和操纵盒等电气元件组成。

2）坠落试验控制电路由插座、按钮和操纵盒等电气元件组成。

3）吊杆控制电路主要由插座、熔断器、按钮、吊杆操纵盒和盘式电动机等电气元件组成。

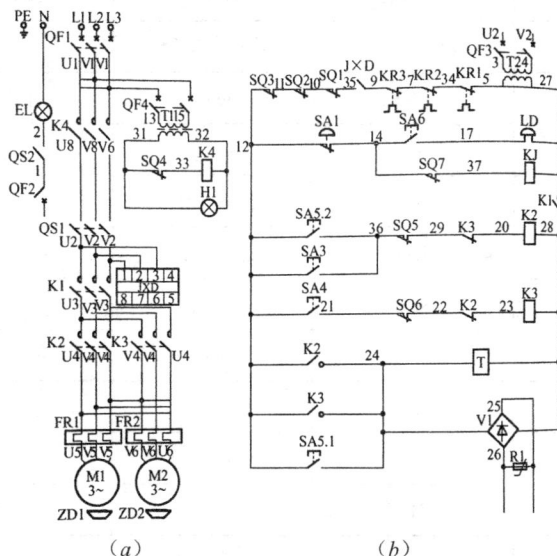

图 8-26　双驱动施工升降机电气原理图
（a）主电路；（b）主控制电路

施工升降机电气符号、名称　　　　　　　表 8-2

序号	符号	名称	备注
1	QF1	空气开关	

序号	符号	名称	备注
2	QS1	三相极限开关	
3	LD	电铃	～220V
4	JXD	相序和断相保护器	
5	QF2	断路器	
6	QF3 QF4	断路器	
7	FR1 FR2	热继电器	
8	M1 M2	电动机	YZEJ132M-4
9	ZD1 ZD2	电磁制动器	
10	QS2	按钮	灯开关
11	V1	整流桥	
12	R1	压敏电阻	
13	SA1	急停按钮	
14	SA3	按钮	上升按钮
15	SA4	按钮	下降按钮
16	SA5	按钮盒	坠落试验
17	SA6	电铃按钮	
18	H1	信号灯	～220V
19	SQ1	安全开关	吊笼门
20	SQ2	安全开关	吊笼门
21	SQ3	安全开关	天窗门
22	SQ4	安全开关	防护围栏门
23	SQ5	安全开关	上限位

序号	符号	名称	备注
24	SQ6	安全开关	下限位
25	SQ7	安全开关	安全器
26	EL	防潮顶灯	～220V
27	K1 K2 K3 K4	交流接触器	～220V
28	T1	控制变压器	380V/220V
29	T2	控制变压器	380V/220V

8.11.2 电气控制系统各控制元件的功能

施工升降机采用 380V、50Hz 三相交流电源,由工地配备专用电箱,接入电源到施工升降机开关箱,L_1、L_2、L_3 为三相电源,N 为零线,PE 为接地线。

(1)EL 为 220V 防潮吸顶灯,由 QF2 高分断小型短路器和 QS2 灯开关控制,如图 8-26(a)所示。

(2)QF1 为电路总开关,K2 为总电源交流接触器常开触点,其控制电路通过 QF4 高分断小型短路器、T1 控制变压器(380V/220V)、SQ4 围栏门限位开关、H1 信号灯及 K4 组成,当施工升降机围栏门打开后,SQ4 断开,K4 失电,接触器触点断开动力电源和控制电源,施工升降机不能启动或停止运行,如图 8-26(b)所示。

(3)QS1 为极限开关,当施工升降机运行时越程,并触动极限开关时,QS1 动作,切断动力电源和控制电源,施工升降机不能启动或停止运行,如图 8-26(a)所示。

(4)JXD 为断相与错相保护继电器,当电源发生断、错相时,JXD 就切断控制电路,施工升降机不能启动或停止运行,如图 8-26(a)所示。

(5)K1 为主电源交流接触器常开触点,K2 和 K3 为上下行交流接触器常开触点，FR1、FR2 为热继电器，当电机 M1、M2 过热时，FR1、FR2 触点断开控制电路，施工升降机不能启动或停止运行，如图 8-26（a）所示。

（6）控制电路由 T2 控制变压器（380V/220V）及电气元件组成，SQ1、SQ2、SQ3 分别为吊笼门和天窗极限安全开关，当上述门打开时，控制电路失电，施工升降机不能启动或停止运行，如图 8-26（a）所示。

（7）SA6 为电铃，LD 开关，SAI 为急停开关，SQ7 为安全器开关，当上述两开关动作时，K1 失电，K1 主触点断开动力电路，K1 辅助触点断开控制电路，施工升降机不能启动或停止运行，如图 8-26（a）所示。

（8）SA3 为上升按钮，SA5.2 为吊笼坠落试验前施工升降机上升按钮，SA4 为下降按钮，SQ5 和 SQ6 分别为吊笼上限位和下限位安全开关，T 为计时器，如图 8-26（a）所示。

（9）SA5.1 为吊笼坠落试验按钮，当 SA5.1 按钮接通后，通过 V1 整流桥 ZD1、ZD2 使制动器得电松闸，吊笼自由下落，如图 8-26（a）所示。

8.11.3 变频调速施工升降机的电气系统

（1）变频器调速的工作原理

三相交流异步电动机变频调速原理是改变电动机电源的频率来进行调速的。变频调速有恒磁通调速、恒电流调速和恒功率调速三种调速方法。恒磁通调速又称恒转矩调速，是将转速往额定转速以下调节，应用最广。恒电流调速时，过载能力较小，用于负载容量小且变化不大的场合。

恒功率调速用于调节转速要高于额定转速，而电源电压又不能提高的场合。

变频调速具有质量轻、体积小、惯性小、效率高等优点。采用矢量控制技术，异步电动机调速的机械特性可像励磁直流电动机调速的机械特性一样"硬"。

（2）变频器的一般安全使用要点

变频器在工作中会产生高温、高压和高频电波，使用中，不论升降机制造单位和维修人员，原则上必须按说明书严格做好防护措施。

1）变频器在电控箱中的安装与周围设备必须保持一定距离，以利通风散热，一般上下和背部应留有足够间隙。

2）外接电阻箱会产生高温，一般应当与电控箱分开安装。用手去触摸它的外壳，防止烫伤。

3）变频器在运行中，在电容器放电信号灯未熄灭时，切勿行中不要轻易打开变频器外罩和接触接线端子等，防止电击伤人。

4）变频器接地必须正确、可靠，有条件的设置专用接地装置。

5）为防止电磁感击干扰，电路中感性线圈载荷（如继电器线圈等）应在发生源两端连接冲击吸收器如图 8-27 所示。

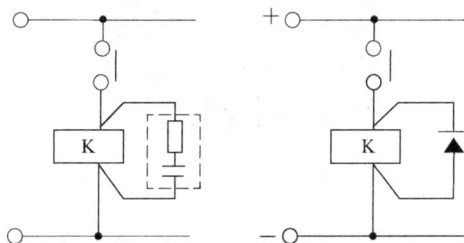

图 8-27　线圈加接冲击吸收器示意图

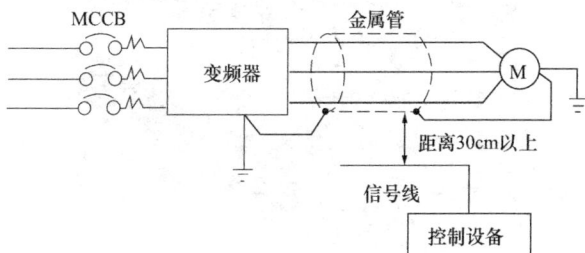

图 8-28　电磁屏蔽抗干扰示意图

6）如发生变频器对其他设备信号、控制线干扰时，可根据说明书要求采取措施或对变频器输出电路进行电磁屏蔽，以减少干扰影响，如图 8-28 所示。

8.11.4 电器箱

（1）电气控制箱是施工升降机电气系统的心脏部分，内部主要安装有上、下运行交流接触器、热继电器以及相序和断相保护器等。控制箱安装在吊笼内部，如图 8-29 所示。

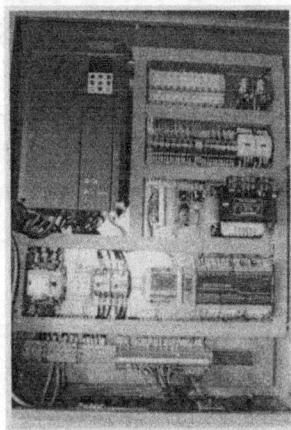

图 8-29 电气控制箱

图 8-30 操纵控制台

（2）操纵控制台是操纵施工升降机运行的部分，它主要由电锁、万能转换开关、急停按钮、加节按钮、电铃按钮、指示灯等组成，一般也安装在吊笼内部。图 8-30 所示为某厂家施工升降机的操纵控制台。

（3）电源箱是施工升降机的电源供给部分，主要由空气开关、熔断器等组成。

（4）电气箱的安全技术要求：

1）施工升降机的各类电路的接线应符合出厂的技术规定；

2）电气元件的对地绝缘电阻应不小于 0.5MΩ，电气线路的对地绝缘电阻应不小于 1MΩ；

3）各类电气箱等不带电的金属外壳均应有可靠接地，其接地电阻应不超过 4Ω；

4）对老化失效的电气元件应及时更换，对破损的电缆和导线予以包扎或更新；

5）各类电气箱应完整、完好，保持清洁和干燥，内部严禁堆放杂物等。

8.12　安全保护装置

齿轮齿条式施工升降机的安全保护装置主要有防坠安全器、安全钩、行程限位装置（含减速限位装置、限位开关及极限开关）、门联锁保护装置（含笼顶逃生门、安全器联锁、吊笼及围栏门、层门联锁）、缓冲装置和超载检测装置等。

（本书第 9 章将详细介绍施工升降机安全保护装置知识）。

8.13　其他辅助设备或系统

施工升降机其他辅助设备或系统有自动加油系统和楼层呼叫系统等。

（1）自动加油系统

自动加油系统主要由加油泵、储油罐、管路分配器、油管和接油嘴等组成，用于对运动部件或易磨损部件进行自动润滑，如图 8-31 所示。

图 8-31　自动加油系统

施工升降机上需润滑的主要零部件有减速机、齿轮与齿条、防坠安全器小齿轮和随动齿轮、安装在吊笼、传动小车和电缆小车上的滚轮、导轨架立管、门配重导向轮和滑道、对重导向轮与滑道、天轮和钢丝绳等。

需要注意的是：

1）不同部件可能所用的润滑剂不同。

2）不同部件需要的润滑剂油量。

3）不同部件需要加润滑剂的频率不同。

（本书第 11 章将详细介绍施工升降机的润滑知识）。

（2）楼层呼叫系统

为了安全、方便、合理地对施工升降机进行调度，提高运输能力和工效，在施工升降机上都安装有楼层呼叫系统作为施工人员与施工升降机司机联络的信号装置。楼层呼叫系统包括有线式和无线式两种。如图 8-32 所示为某厂家生产的一种无线式楼层呼叫系统。这种无线式楼层呼叫系统在围栏门和每个楼层层门上都安装有呼叫按钮，它是通过一种无线电发射器，将信息发送到吊笼内的接收头，当楼层上施工人员需要使用施工升降机，可以直接按动呼叫按钮，在吊笼内的接收主机上则会有楼层数的显示、语音播报或响铃。

楼层呼叫按钮通常为恒压式，且笼内主机发出的语音播报或响铃和其他警铃发出的声响不同。

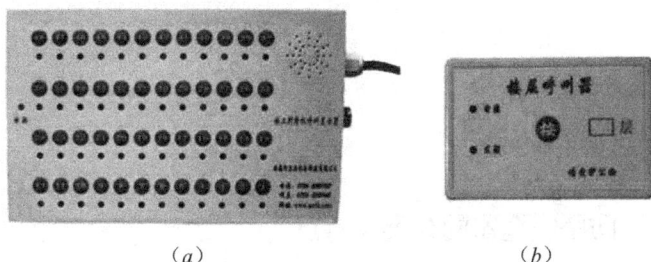

（a）   （b）

图 8-32　楼层呼叫系统
（a）接收显示器；（b）呼叫器

第9章 施工升降机安全保护装置

9.1 防坠安全器

9.1.1 防坠安全器的分类及特点

防坠安全器是非电气、气动和手动控制的防止吊笼或对重坠落的机械式安全保护装置，如图 9-1 所示。防坠安全器是非人为控制的，当吊笼或对重一旦出现失速、坠落情况时，能在设置的距离、速度内使吊笼安全停止。

防坠安全器按其制动特点可分为渐进式和瞬时式两种形式。

图 9-1　防坠安全器

1. 渐进式防坠安全器

渐进式防坠安全器是一种初始制动力（或力矩）可调，制动过程中制动力（或力矩）逐渐增大的防坠安全器。其特点是制动距离较长、制动平稳、冲击小。

2. 瞬时式防坠安全器

瞬时式防坠安全器是初始制动力（或力矩）不可调，瞬间即可将吊笼或对重制停的防坠安全器。其特点是制动距离较短、制动不平稳、冲击力大。

9.1.2 渐进式防坠安全器

普通施工升降机常用的渐进式防坠安全器的全称为齿轮锥鼓形渐进式防坠安全器，简称安全器。

1. 渐进式防坠安全器的使用条件

（1）SC 型和 SCD 型施工升降机

SC 型和 SCD 型施工升降机应安装渐进式防坠安全器，不允许采用瞬时式防坠安全器。当施工升降机对重质量大于吊笼质量时，还应加设对重防坠安全器。

（2）SS 型人货两用施工升降机

对于 SS 型人货两用施工升降机，其吊笼额定提升速度大于 0.63m/s 时，应采用渐进式防坠安全器。

2. 渐进式防坠安全器的构造

渐进式防坠安全器主要由齿轮、离心式限速装置、锥鼓形制动装置等组成。离心式限速装置主要由离心块座、离心块、调速弹簧、螺杆等组成；锥鼓形制动装置主要由壳体、摩擦片、外锥体加力螺母、碟形弹簧等组成。安全器结构如图 9-2 所示。

3. 渐进式防坠安全器的工作原理

安全器安装在施工升降机吊笼的传动底板上，一端的齿轮啮合在导轨架的齿条上，如图 9-3 所示。当吊笼在正常运行时齿轮轴带动离心块座、离心块、调速弹簧和螺杆等组件一起转动，安全器就不会动作。当吊笼瞬时超速下降或坠落时，离心块在离心力的作用下压缩调速弹簧并向外甩出，其三角形的头部卡住外锥体的凸台，然后就带动外锥体一起转动。此时外锥体尾部的外螺纹在加力螺母内转动，由于加力螺母被固定住，故外锥体只能向后方移动，这样使外锥体的外锥面紧紧地压向胶合在壳体上的摩擦片，当阻力达到一定量时就使吊笼制停。

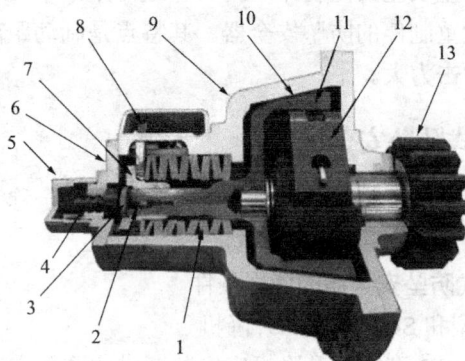

图 9-2　渐进式防坠安全器结构图

1—碟形弹簧；2—防尘盖定位螺栓；3—防尘盖；4—卸载螺栓；5—罩盖；
6—端盖；7—铜螺母；8—限位开关；9—外壳；10—摩擦板；11—锥毂；
12—离心制动块；13—齿轮

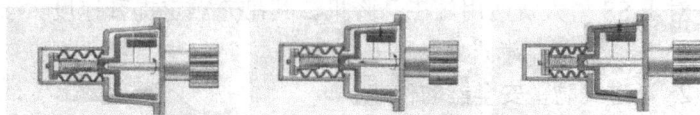

图 9-3　安全器的工作原理示意图

4. 渐进式防坠安全器的主要技术参数

施工升降机防坠安全器型号用名称代号和主参数来表示，一般是 SAJ××-×.×，其中 SAJ 是施工升降机防坠安全器的名称代号，后面的四位数字中前两位数表示防坠安全器的额定制动载荷，后两位数表示防坠安全器的额定动作速度。例如施工升降机配置的防坠安全器型号是 SAJ40-2.0，表示该防坠安全器额定制动载荷为 40kN，额定动作速度是 2.0m/s。

（1）额定制动载荷

额定制动载荷是指防坠安全器可有效制动停止的最大荷

载，目前标准规定为 20、30、40、60kN 四档。SC100/100 型和 SCD200/200 型施工升降机上配备的防坠安全器的额定制动载荷一般为 30kN。SC200/200 型施工升降机上配备的防坠安全器额定制动载荷一般为 40kN。

（2）标定动作速度

标定动作速度是指按所要限定的防护目标运行速度而调定的安全器开始动作时的速度，它必须小于防坠安全器的额定动作速度。具体见表 9-1 的规定。

防坠安全器标定动作速度　　　　　　表 9-1

施工升降机额定提升速度 v（m/s）	安全器标定动作速度（m/s）
v	$\leqslant v + 0.40$

（3）制动距离

制动距离指从防坠安全器开始动作到吊笼被制动停止时，吊笼所移动的距离。制动距离应符合表 9-2 的规定。

安全器制动距离　　　　　　表 9-2

施工升降机额定提升速度 v（m/s）	安全器制动距离（m）
$v \leqslant 0.65$	$0.10 \sim 1.40$
$0.65 < v \leqslant 1.00$	$0.20 \sim 1.60$
$1.00 < v \leqslant 1.33$	$0.30 \sim 1.80$
$1.33 < v \leqslant 2.40$	$0.40 \sim 2.00$

9.1.3　防坠安全器安全技术要求

（1）防坠安全器必须进行定期检验标定，定期检验应由具有相应资质的单位进行。

（2）防坠安全器只能在有效的标定期限内使用，有效标定期限不应超过一年。防坠安全器无论使用与否，在有效检验期满后都必须重新进行检验评定。防坠安全器的寿命为 5 年。

（3）施工升降机每次安装后，必须进行额定载荷的坠落试验，以后至少每三个月进行一次额定载荷的坠落试验。试验时，吊笼不允许载人。

（4）防坠安全器出厂后，动作速度不得随意调整。

（5）SC 型施工升降机使用的防坠安全器安装时透气孔应向下，紧固螺孔不能出现裂纹，安全开关的控制接线完好。

（6）防坠安全器动作后，需要由专业人员实施复位，使施工升降机恢复到正常工作状态。

（7）防坠安全器在任何时候都应该起作用，包括安装和拆卸工况。

（8）防坠安全器不应由电动、液压或气动操纵的装置触发。

（9）当防坠安全器动作时，设在防坠安全器上的电气安全开关能立即将电动机的电路断开，使电动机的制动器强制制动，从而使吊笼停止。

9.2 超载检测装置

1. 超载检测装置的种类

超载检测装置是用于防止施工升降机超载运行的安全装置，如图 9-4 所示。当吊笼内载荷超过额定载重量 10% 以上时，超载检测装置在吊笼内应给出清晰的信号，并阻止其正常启动。常用的超载检测装置有电子传感器式、弹簧式和拉力环式三种。

（1）电子传感器式超载检测装置

如图 9-5 所示，施工升降机常用的电子传感式超载检测装置。它的工作原理：当重量传感器得到吊笼内载荷变化而产生的微弱信号，输入放大器后，经 A/D 转换成数字信号，再将信号送到微处理器进行处理，其结果与所设定的动作点进行比较，如果通过所设定的动作点，则继电器分别工作。当载荷达到额定载荷的 90％时，警示灯闪烁，报警器发出断续声响；当载荷接近或达到额定载荷的 110％时，报警器发出连续声响，此时吊笼不能启动。超载检测装置由于采用了数字显示方式，即可实时显示吊笼内的载荷值变化情况，还能及时发现超载报警点的偏离情况，及时进行调整。

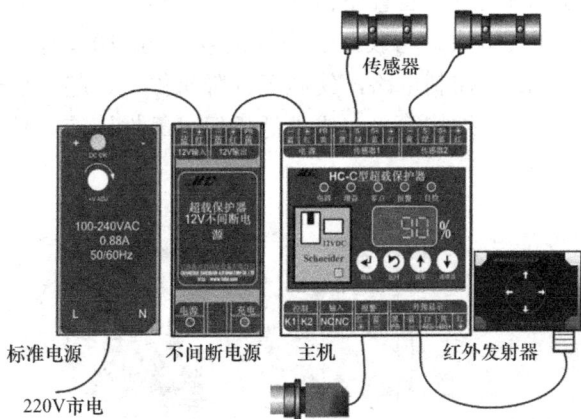

传感器

标准电源　　不间断电源　　主机　　红外发射器

220V市电

图 9-4　超载检测装置示意图

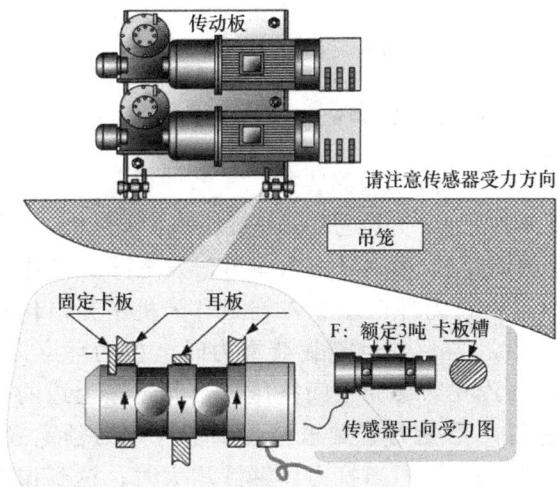

传动板

请注意传感器受力方向

吊笼

固定卡板　　耳板

F：额定3吨　卡板槽

传感器正向受力图

图 9-5　电子传感器式超载检测装置

（2）弹簧式超载检测装置

弹簧式超载检测装置安装在地面转向滑轮上，主要用于钢丝绳式施工升降机中。如图9-6所示为弹簧式超载检测装置结构示意图。超载检测装置由钢丝绳、地面转向滑轮、支架、弹簧和行程开关组成。当载荷达到额定载荷的110％时，行程开关被压动，断开控制电路，使施工升降机停机，起到超载保护作用。其特点是结构简单、成本低，但可靠性较差，易产生误动作。

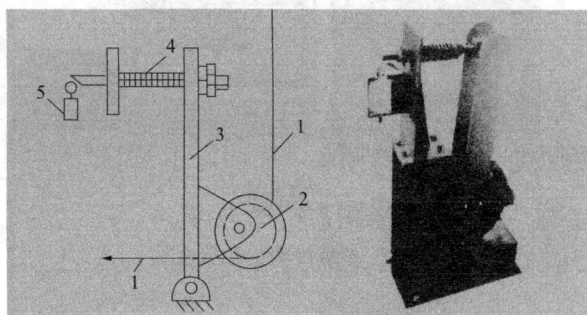

（a）　　　　　　　　（b）

图9-6　弹簧式超载检测装置

（a）原理图；（b）实物图

1—钢丝绳；2—转向滑轮；3—支架；4—弹簧；5—行程开关

（3）拉力环式超载检测装置

如图9-7所示，为拉力环式超载检测装置结构。该超载检测装置由弹簧钢片1、微动开关2、4和触发螺钉3、5组成。

使用时将拉力环两端穿入施工升降机吊笼与传动板或提升钢丝绳中，当受到吊笼载荷重力时，拉力环立即会变形，两块变形钢片立即会向中间挤压，带动装在上边的微动开关和触发螺钉，当受力达到报警限制值（90％额定载荷）时，其中一个开关动作；当拉力环继续增大时，达到调节的超载限制值（110％额定载荷）时，使另一个开关也动作，断开电源，吊笼不能启动。

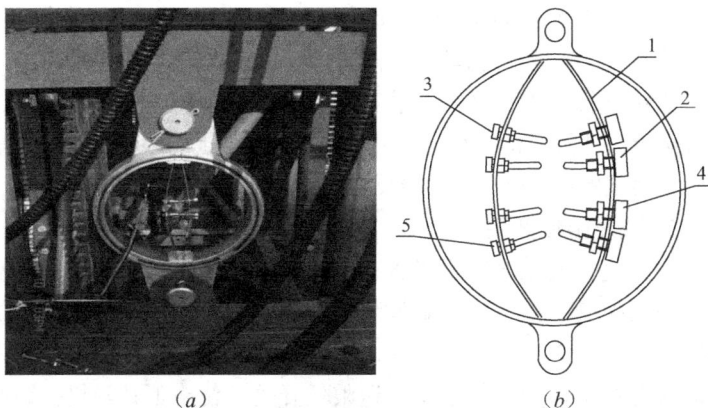

（a）   （b）

图 9-7   拉力环式超载检测装置示意图

（a）实物图；（b）原理图

1—弹簧钢片；2—微动开关；3，5—触发螺钉；4—微动开关

2. 超载检测装置的安全要求

（1）超载检测装置的显示器要防止淋雨受潮。

（2）在安装、拆卸、使用和维护过程中应避免对超载检测装置的冲击、振动。

（3）使用前应按《超载检测装置使用说明书》的要求对超载检测装置进行零点调整和吊重显示调整，使其符合正常使用要求。使用中发现设定的限定值出现偏差，应及时进行调整。

9.3   行程限位装置

行程限位装置是防止施工升降机吊笼冲顶或蹲底的安全保护装置。当施工升降机的吊笼超越了允许运动的范围或在运行中出现不安全状况时，行程限位装置发生动作，使施工升降机吊笼不能启动或自动停止运行。如图 9-8 所示，行程限位装置主要有上、下行程限位开关、减速限位开关和极限开关。

1. 上、下行程限位开关

施工升降机设置有上、下行程限位开关。上、下行程限位开关能使以额定速度运行的吊笼在接触到上、下极限限位开关前自动停止。但不应以触发上行程限位开关作为最高层站停靠的通常操作。

上、下行程限位开关安装在吊笼防坠安全器底板上，当吊笼运行至上、下限位位置时，限位开关与导轨架上的限位开关碰铁触碰，使吊笼停止运行。当吊笼反方向运行时，限位开关自动复位。

2. 减速限位开关

中、高速施工升降机设置有减速限位开关。当吊笼下降时在触发下限位开关前，应先触发下减速限位开关，使施工升降机提前减速运行，以避免吊笼下降时冲击底座；当吊笼上升时在触发上限位开关前，应先触发上减速限位开关，使施工升降机提前减速运行，以避免吊笼发生冲顶。

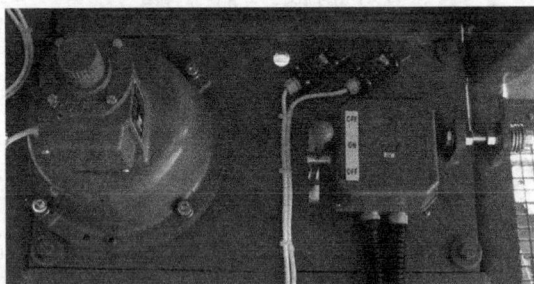

(*a*)

(*b*)

图 9-8　行程限位装置（一）
(*a*) 普通底板；(*b*) 中高速底板

（c）   （d）

图 9-8　行程限位装置（二）

（c）上限位开关碰铁；（d）下限位开关碰铁

3. 极限开关

施工升降机必须设置极限开关。当吊笼运行时如果上、下限位开关出现失效，超出限位开关碰铁并越程后，极限开关须切断总电源使吊笼停止运行。极限开关应为非自动复位型的开关，其动作后必须手动复位才能使吊笼重新启动。在正常工作状态下，下极限开关碰铁的安装位置，应保证在吊笼碰到缓冲装置之前，极限开关应首先动作。

当施工升降机吊笼运行至导轨架顶端，为防止因某种原因上限位开关和极限开关都失效而导致冲顶，一般都采用了自动越程保护措施，可在导轨架顶端设计安装行程开关或接近开关来防止冲顶。对于建筑施工中广泛使用的普通施工升降机，常采用导轨架最高节（顶节）不安装齿条或增加安装机械止挡装置作为防止吊笼驶出导轨架的机械措施。

4. 行程限位装置安全技术要求

（1）行程限位装置必须安装牢固，不能松动。

（2）行程限位装置应完整、完好，紧固螺栓应齐全，不能缺少或松动。

（3）行程限位装置的臂杆，不能歪曲变形，防止行程限位装置失效。

（4）每班前都要检查极限开关的有效性，防止极限开关失效。

（5）严禁用触发上、下限位开关来作为吊笼在最高层站和地面站停站的操作。

（6）当上限位开关动作后，应保证吊笼上部安全距离应不小于1.8m。

（7）在正常工作状态下，下极限开关的安装位置应保证在吊笼碰到缓冲装置之前，下极限开关应首先动作；上极限开关的安装位置应保证上极限开关与上限位开关之间的越程距离为0.15m。

9.4　门联锁保护装置

当施工升降机的各类门没有关闭时，门联锁保护装置发生动作，施工升降机吊笼就不能启动；当施工升降机吊笼在运行中门被打开时，施工升降机吊笼就会自动停止运行。安装有该类联锁保护装置的门主要有地面防护围栏门、吊笼门、笼顶紧急逃生门等。

1. 地面防护围栏门的联锁保护装置

（1）地面防护围栏门联锁保护装置的作用

地面防护围栏门应装有机电联锁保护装置，使吊笼只有位于地面规定的位置时地面防护围栏门才能开启，且在门开启后吊笼不能启动。目的是为了防止吊笼离开基础平台后，人员误入基础平台造成事故。

（2）地面防护围栏门机械联锁装置的结构

地面防护围栏门机械联锁装置的结构，如图9-9所示。它由机械锁钩1、压簧2、销轴3和支座4组成。整个装置由支座4安装在防护围栏门框上。当吊笼停靠在基础平台上时，吊笼上的开门挡板压着机械锁钩的尾部，机械锁钩就离开围栏门，此时围栏门才能打开。当围栏门被打开时，电气安全开关作用，吊笼就不能启动；当吊笼运行离开基础平台时，机械锁在压簧2的作用下，机械锁钩扣住围栏门，围栏门就不能打开；如强行打开围栏门时，吊笼就会立即停止运行。

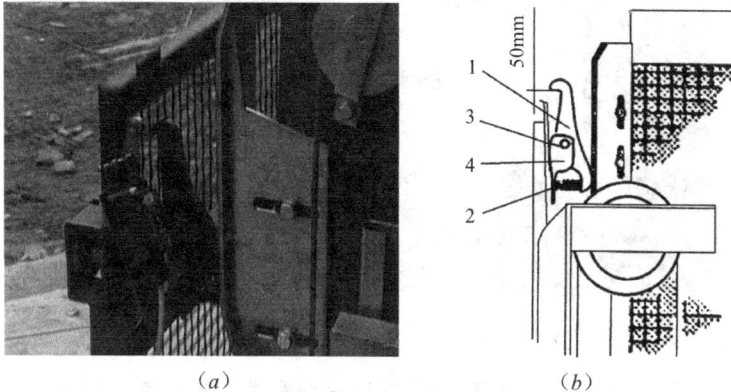

(a)   (b)

图 9-9 地面防护围栏门的联锁保护装置

(a)实物图；(b)原理图

1—机械锁钩；2—压簧；3—销轴；4—支座

2. 吊笼门的联锁保护装置

吊笼门（单开门或双开门）均设有机械联锁装置，以保证吊笼正常运行时不被打开，除非吊笼底板与层站的距离符合有关规定。当吊笼位于地面规定的位置和停层位置时，吊笼门才能开启。吊笼门还设有电气安全开关，当吊笼门完全关闭后，吊笼才能启动运行。

图 9-10 所示为吊笼单开门机械联锁装置，它是由门上的挡块、门框上的机械锁钩、压簧、销轴和支座组成。当吊笼下降到地面规定的位置时，施工升降机围栏上的开门压板压着机械锁钩的尾部，同时机械锁钩就离开门上的挡块，此时吊笼门才能开启。当门关闭吊笼离地后，吊笼门框上的机械锁钩在压簧的作用下嵌入门上的挡块缺口内，吊笼门被锁住。

图 9-11 所示为吊笼双开门的机械联锁装置。该装置只有吊笼内操作人员才能打开。

图 9-10　单开门机械联锁装置　　图 9-11　双开门机械联锁装置

图 9-12 所示为吊笼门的电气安全开关。当吊笼门完全关闭后，吊笼才能启动运行。

图 9-12　吊笼门电气安全开关

3. 笼顶紧急逃生门联锁保护装置

吊笼笼顶紧急逃生门也安装有联锁保护装置，如图 9-13 所示。当笼顶紧急逃生门被打开或没关好，则吊笼会停止或不能启动。

图 9-13 笼顶紧急逃生门联锁保护装置

9.5 防松绳装置

钢丝绳式升降机和对重用的钢丝绳应设有防松绳装置，该装置应有符合要求的松绳开关，并应能中断吊笼的任何运动，直到经专业人员操作后才能恢复吊笼运动。

（1）施工升降机的对重钢丝绳绳数为两条时，钢丝绳组与吊笼连接的一端应设置张力均衡装置，并装有由相对伸长量控制的非自动复位型的防松绳开关，如图 9-14 所示。当其中一条钢丝

图 9-14 防松绳装置

绳出现的相对伸长量超过允许值或断绳时，该开关将切断控制电路，同时制动器制动，使吊笼停止运行。

（2）对重钢丝绳采用单根钢丝绳时，也应设置防松（断）绳开关，当施工升降机出现松绳或断绳时，该开关应立即切断电机控制电路，同时制动器制动，使吊笼停止运行。

9.6 缓冲装置

1. 缓冲装置的作用

缓冲装置安装在施工升降机底架上，用以吸收下降的吊笼或对重的动能，起到缓冲作用。施工升降机的缓冲装置主要使用弹簧缓冲器，如图 9-15 所示。

图 9-15　缓冲装置

2. 缓冲装置的安全要求

（1）每个吊笼设 2～3 个缓冲器；对重一个缓冲器。同一组缓冲器的顶面相对高度差不应超过 2mm。

（2）缓冲器中心与吊笼底梁或对重相应中心的偏移，不应超过 20mm。

（3）经常清理基础上的垃圾和杂物，防止堆在缓冲器上，造成缓冲器失效。

（4）应定期检查缓冲器的弹簧，发现锈蚀严重超标的要及时更换。

9.7 安全钩

1. 安全钩的作用

安全钩是防止吊笼倾翻的挡块。其作用是防止吊笼脱离导轨架或防坠安全器输出端齿轮脱离齿条，如图 9-16 所示。

图 9-16 安全钩和齿条挡块
1—齿条挡块；2—安全钩

2. 安全钩的基本构造

安全钩一般由整体浇铸和钢板加工两种。其结构分底板和钩体两部分，底板由螺栓固定在施工升降机吊笼的立柱上。

3. 安全钩的安全要求

（1）安全钩必须成对设置，在吊笼立柱上一般安装上下两组安全钩，安装应牢固。

（2）上面一组安全钩的安装位置必须低于最下方的驱动齿轮。

（3）安全钩出现焊缝开裂、变形时，应及时更换。

9.8 齿条挡块

为避免施工升降机在运行或吊笼下坠时，防坠安全器的齿轮与齿条啮合分离，施工升降机应采用齿条背轮和齿条挡块，如图9-16所示。当齿条背轮失效后，齿条挡块就成为最终的防护装置。

9.9 急停开关

在吊笼里面的操纵控制台（含便携式控制装置）上应装有非自动复位型的急停开关，任何时候均可切断控制电路停止吊笼运行，如图9-17所示。

图9-17 急停开关

9.10 人脸（指纹、虹膜）识别系统

随着社会的不断发展，各种高科技安全保护技术也得到了很好的应用和推广。除了施工升降机本身的各种限位开关、防坠安全器和超载检测装置等安全保护装置之外，指纹识别和人脸识别等生物识别技术，以其识别的唯一性和高可靠性受到了用户的青

睐，为确保施工升降机等起重机械的"专人专开"、防止施工升降机事故的发生起到了积极有效的防范作用。

生物特征识别技术所研究的生物特征包括脸、指纹、手掌纹、虹膜、视网膜、声音（语音）、体形、个人习惯（例如敲击键盘的力度和频率、签字）等，相应的识别技术就有人脸识别、指纹识别、掌纹识别、虹膜识别、视网膜识别、语音识别（用语音识别可以进行身份识别，也可以进行语音内容的识别，只有前者属于生物特征识别技术）、体形识别、键盘敲击识别、签字识别等。目前人脸识别、指纹识别和虹膜识别已在施工升降机上得到了应用。如图 9-18 所示为安装在施工升降机吊笼内的人脸识别系统。人脸识别技术是基于人的脸部特征，对输入的人脸图像，首先判断其是否存在人脸，如果存在人脸，则进一步给出每个脸的位置、大小和各个主要面部器官的位置信息，并依据这些信息，提取每个人脸中所蕴含的身份特征，并将其与已知的人脸进行对比，从而识别每个人脸的身份。一般来说，人脸识别系统包括图像摄取、人脸定位、图像预处理、以及人脸识别（身份确认或者身份查找）等。

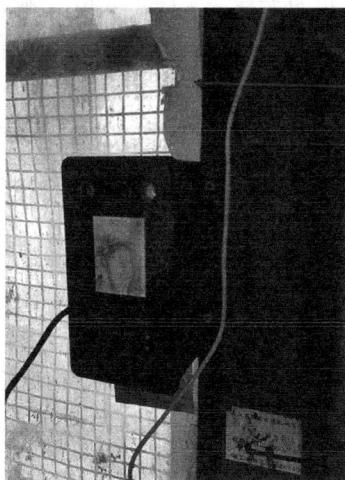

图 9-18　人脸识别系统

第10章 施工升降机的安装与拆卸

10.1 施工升降机安装拆卸管理要求和安全操作规程

10.1.1 施工升降机安装拆卸管理要求

（1）从事施工升降机安装、拆卸活动的单位应当依法取得建设行政主管部门颁发的起重设备安装工程专业承包资质和建筑施工企业安全生产许可证，并在其资质许可范围内承揽施工升降机安装、拆卸工程。

（2）施工升降机安装、拆卸项目应配备与承担项目相适应的专业安装作业人员以及专业安装技术人员。施工升降机的安装拆卸工、电工、司机等应具有建筑施工特种作业操作资格证书。

（3）施工升降机使用单位应与安装单位签订施工升降机安装、拆卸合同，明确双方的安全生产责任。实行施工总承包的，施工总承包单位应与安装单位签订施工升降机安装、拆卸工程安全协议书。

（4）施工升降机应具有特种设备制造许可证、产品合格证、使用说明书、起重机械制造监督检验证书，并已在产权单位工商注册所在地县级以上建设行政主部门备案登记。

（5）施工升降机安装、拆卸工程专项施工方案应根据使用说明书的要求、作业场地及周边环境的实际情况、施工升降机使用要求等编制。当安装、拆卸过程中专项施工方案发生变更时，应按程序重新对方案进行审批，未经审批不得继续进行安装、拆卸作业。对于搭设总高度 200m 及以上，或搭设基础标高在 200m 及以上的施工升降机安装和拆卸工程，属于超过一定规模的危险性较大的分部分项工程，其专项方案应当由施工单位组织召开专家论证会。实行施工总承包的，由施工总承包单位组织召开专家论证会。

（6）施工升降机安装、拆卸工程专项施工方案应包括下列主要内容：

1）工程概况；

2）编制依据；

3）作业人员组织和职责；

4）施工升降机安装位置平面、立面图和安装作业范围平面图；

5）施工升降机技术参数、主要零部件外形尺寸和重量；

6）辅助起重设备的种类、型号、性能及位置安排；

7）吊索具的配置、安装与拆卸工具及仪器；

8）安装、拆卸步骤与方法；

9）安全技术措施；

10）安全应急预案。

（7）施工升降机地基、基础应满足使用说明书的要求。对基础设置在地下室顶板、楼面或其他下部悬空结构上的施工升降机，应对基础支撑结构进行承载力验算。施工升降机安装前应按要求对基础进行验收，合格后方能安装。

（8）施工升降机安装前应对各部件进行检查。对有可见裂纹的构件应进行修复或更换，对有严重锈蚀、严重磨损、整体或局部变形的构件必须进行更换，符合产品标准的有关规定后方能进行安装。

（9）安装、拆卸作业前，安装、拆卸技术人员应根据施工升降机安装、拆卸工程专项施工方案和使用说明书的要求，对作业人员进行安全技术交底，并由作业人员在交底书上签字。在施工期间内，交底书应留存备查。交底书应包括以下内容：

1）施工升降机的性能参数；

2）安装、附着及拆卸的程序和方法；

3）各部件的连接形式、连接尺寸及连接要求；

4）安装拆卸部件的重量、重心和吊点的位置；

5）使用的辅助设备、机具和吊索具的性能及操作要求；

6）作业中的安全操作措施；

7）其他需要交底的内容。

（10）有下列情形之一的施工升降机，不得出租、安装和使用：

1）属国家明令淘汰或者禁止使用的；

2）超过由安全技术标准或者制造厂家规定的使用年限的；

3）经检验达不到安全技术标准规定的；

4）没有完整安全技术档案的；

5）没有齐全有效的安全保护装置的。

（11）施工升降机安装完毕且经调试后，安装单位应按有关标准、技术规范及使用说明书的有关要求对安装质量进行自检，自检合格后，应经有相应资质的检验检测机构监督检验。检验合格后，使用单位应组织租赁单位、安装单位和监理单位等进行验收。实行施工总承包的，应由施工总承包单位组织验收。

10.1.2　施工升降机安装拆卸安全操作规程

（1）参与施工升降机安装、拆卸作业的操作司机、安装拆卸工、起重信号司索工和电工等人员应经专业培训，建设主管部门考核合格，并取得《建筑施工特种作业人员操作资格证书》。

（2）在安装拆卸作业前必须对所使用的辅助起重设备和工具的性能和安全操作规程有全面了解，并进行认真的检查，合格后方准使用。

（3）在安装拆卸作业前，应认真阅读使用说明书和安装拆卸专项施工方案，熟悉装拆工艺和程序，掌握零部件的重量和吊点位置。作业过程中严禁擅自改动安装拆卸工艺流程。

（4）施工升降机安装、拆卸作业必须在指定的专门指挥人员的指挥下作业，其他人不得发出指挥信号。当视线阻隔和距离过远等导致指挥信号传递困难时，应采用对讲机或多级指挥等有效的措施进行指挥。

（5）安装、拆卸作业前，安装、拆卸技术人员应根据施工升降机安装、拆卸工程专项施工方案和使用说明书的要求，对作业人员进行安全技术交底，并由作业人员在交底书上签字。超过一定规模的危险性较大的分部分项工程，专项施工方案实施前，编制人员或者项目技术负责人应当向施工现场管理人员进行方案交底。施工现场管理人员应当向作业人员进行安全技术交底，并由双方和项目专职安全生产管理人员共同签字确认。

（6）进入现场的作业人员必须正确佩戴安全防护用品，高处作业人员应系安全带，穿防滑鞋。作业人员严禁酒后作业。

（7）当遇大雨、大雪、大雾或风速大于13m/s等恶劣天气时，应立即停止安装或拆卸作业。

（8）安装、拆卸作业范围应设置警戒线及明显的警示标志，并设专人监护，非作业人员不得进入警戒范围。任何人不得在悬吊物下方行走或停留。

（9）对各个安装部件的连接件，必须按规定安装齐全、固定牢固，并在安装后做详细检查。高强度螺栓的安装必须使用力矩扳手或专用扳手，以达到使用说明书要求的力矩要求，且安装时高强度螺栓应由下往上安装，避免造成安全隐患。

（10）安装作业时严禁从高空以投掷的方法传递工具和器材。

（11）吊笼顶上所有的安装零件和工具，必须放置平稳，禁止露出安全防护栏外。

（12）安装、拆卸时不要倚靠在吊笼顶安全护栏上，防止施工升降机启动时出现危险。施工升降机运行时，作业人员的头、手不能露出吊笼顶安全护栏外。

（13）安装、拆卸作业时必须将按钮盒或操作盒移至吊笼顶部操作。不允许人员在吊笼内操作。

（14）安装作业过程中安装作业人员和工具等总载荷不得超过施工升降机的额定安装载重量。

（15）加节顶升到规定高度后，必须安装附墙架后方可继续加节。每次加节完毕后，应对施工升降机导轨架的垂直度进行校正，且应按规定及时重新设置行程限位和极限限位，经验收合格后方能运行。在拆卸导轨架过程中，不允许提前拆卸附墙架。

（16）利用吊杆进行拆装作业时，严禁超载。当吊杆上有悬挂物时，严禁开动施工升降机。

（17）当导轨架或附墙架有人员作业时，严禁开动施工升降机。

（18）防坠安全器进行坠落试验时，吊笼内不允许载人。

（19）安装时应确保施工升降机运行通道内无障碍物。安装结束后，吊笼上所有零件或工具必须全部清理，清扫传动、啮合部分的杂物、垃圾。

（20）当发现故障或危及安全的情况时，应立刻停止安装作业，采取必要的安全防护措施，应设置警示标志并报告技术负责人。在故障或危险情况未排除之前，不得继续安装作业。

（21）当遇意外情况不能继续安装作业时，应使已安装的部件达到稳定状态并固定牢靠，经确认合格后方能停止作业。作业人员下班离岗时，应采取必要的防护措施，并应设置明显的警示标志。

（22）拆卸前应对施工升降机的关键部件进行检查，当发现问题时，应在问题解决后方能进行拆卸作业。

（23）施工升降机拆卸应连续作业。当拆卸作业不能连续完成时，应根据拆卸状态采取相应的安全措施。

10.2　施工升降机的安装

10.2.1　施工升降机安装程序

由于目前建筑施工活动中应用较广泛的是齿轮齿条式施工升降机，所以这里以常用的齿轮齿条式施工升降机的安装为例子来说明施工升降机的安装程序。由于各个生产厂家生产的施工升降机的构造及驱动方式不同，安装流程及方法也各不相同。通常齿轮齿条式施工升降机的安装程序有以下步骤：

（1）安装前的检查与准备工作；

（2）安装底架和底部标准节；

（3）安装地面防护围栏；

（4）安装吊笼、笼顶安全围栏、传动机构和吊杆；

（5）安装电气控制系统；

（6）安装第一道附墙架；

（7）电力驱动升降试车；

（8）对重（如有对重）的安装；

（9）导轨架加高安装；

（10）安装附墙架；

（11）导轨架加高后的试运行；

（12）安装电缆导向装置；

（13）天轮和对重钢丝绳的安装；

（14）安装层门；

（15）楼层呼叫系统的安装；

（16）整机调试、自检和验收。

10.2.2　施工升降机安装过程

1. 安装前的检查与准备工作

为确保安装安全、顺利，除了使作业人员熟悉施工升降机安装的管理要求和安全操作规程之外，应特别注意安装前的检查与准备工作。安装前的检查与准备工作主要包括以下内容：

（1）安装的场地应清理干净并进行围蔽，禁止非工作人员入内。

（2）安装作业前，应对辅助起重设备和其他安装辅助用具的机械性能和安全性能进行检查，合格后方能投入作业。

（3）施工升降机专用开关箱应符合施工用电有关规定，并注意供电熔断器的电流大小。检查安装作业所需的专用电源的配电箱、辅助起重设备、吊索具和工具，确保满足施工升降机的安装需求。

（4）施工升降机基础的制作：

施工升降机基础可以是钢筋混凝土结构，也可以是钢结构。

不同型号的施工升降机基础都有相应的要求，应根据使用说明书和工程施工要求进行选择和设计。施工升降机基础的制作要注意以下几个方面：

1）施工升降机基础必须满足产品使用说明书要求，须能承受最不利工作或非工作条件下的各种载荷（整机的重量和运行时产生的冲击载荷等）而不倾翻，设计计算时还要考虑当地的地震和季风情况等。

2）如果基础低于周边环境，应有排水措施，以保证基础不积水。基础设置在地下室、楼面或其他下部悬空结构上的，应对其支撑结构进行承载力计算。当支撑结构不能满足承载力要求时，应采取可靠的加固措施，经验收合格后方可安装。建筑工地通常采用在施工升降机的安装位置浇筑钢筋混凝土基础，并埋设基础座预埋件的方法。

安装作业前，安装单位应根据施工升降机基础验收表、隐蔽工程验收单和混凝土强度报告等相关资料，确认所安装的施工升降机和辅助起重设备的基础、地基承载力、预埋件、基础排水措施等符合施工升降机安装、拆卸工程专项施工方案的要求。如图 10-1 所示为某建筑工地采用钢筋混凝土浇筑的基础。

图 10-1　施工升降机基础的制作
(a) 预埋基础底脚架；(b) 基础浇筑

3）基础下面土壤的承载力一般应大于 0.15MPa。在混凝土基础浇筑过程中，如果不是采用预留孔二次浇捣的，应在基础内预埋底脚架和预埋螺栓，底脚架预埋时应把底脚架的螺钩绑扎在基础钢筋上，底脚架四个螺栓应在同一个平面内，误差应控制在1‰内，安装时按规定力矩拧紧，预埋件之间的中心距误差应控制在5mm之内。

（5）预先制定附墙架连接方案，并根据附墙架的具体位置将预埋件埋设于建筑物上。附墙架附着点处的建筑结构强度应满足产品使用说明书的要求，预埋件应可靠地预埋在建筑物结构上。

（6）安装作业前应对施工升降机的结构件及零部件、安全装置等进行检查。安装前应检查施工升降机的导轨架、吊笼、围栏和附着装置等机构件是否完好，配套的螺栓、销轴、开口销等零部件的种类和数量是否齐全、完好，对有可见裂纹、严重锈蚀、严重磨损、整体或局部变形的构件应进行修复或更换，直至符合产品标准的有关规定后方可进行安装；检查各安全装置是否齐全、完好；检查零部件连接部位除锈、润滑情况。

（7）根据楼层需要另设站台附件，如过桥板、安全围栏等。

（8）施工升降机的底部设置保护接地装置，接地电阻应不大于4Ω。

（9）准备一些2～12mm厚的钢垫片，用于垫入底盘，调平底架或调整导轨架的垂直度。

（10）除了随机配备的专用工具外，应另行准备一套必要的安装工具及测量工具，如图10-2所示。

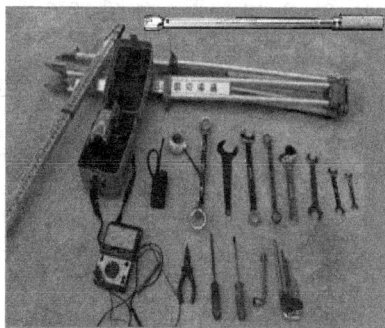

图10-2　安装工具和测量工具

（11）安装作业前，安装单位技术人员应根据施工升降机安装、拆卸专项施工方案和使用说明书的要求，对全体安装作业人员进行安全技术交底，重点明确每个作业人员所承担的拆装任务和职责，以及与其他人员配合的要求，特别强调有关安全注意事项及安全措施，使作业人员了解拆装作业的全过程、进度安排及具体要求，增强安全意识，严格按照安全措施的要求进行作业，并由安装作业人员在交底书上签字，如图10-3所示。在施工期间内，交底书应留存备查。

图10-3　安全技术交底

2. 安装底架和底部标准节

（1）将底架吊运至已施工好的基础平面上，把底盘安装在基础座预埋件上，但暂不拧紧螺栓，如图10-4所示。安装时注意确定安装位置和方向，并用事先准备好的钢垫片插入基础底盘和混凝土基础之间1、2、3、4位置，如图10-5所示，以调整基础底盘的水平度（可用经纬仪或万向水平仪校正）。

图10-4　安装底盘

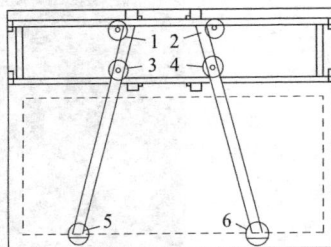

图10-5　基础底盘调平示意图

（2）如图 10-6 所示，安装基础节，并拧紧螺栓。用高强度螺栓将基础节紧固在底架上。安装前需将基础节（即第一节标准节，通常不带齿条）两端管子接头处及齿条销子处擦拭干净，并加少量润滑脂。安装时注意齿条方向，螺栓拧紧力通常约为 $300 \sim 350N \cdot m$，具体参考厂家的使用说明书上的安装要求。

图 10-6　安装基础节

（3）把其他 3～4 节标准节在地面上连成一组，利用辅助起重设备安装到基础节上面，并用高强度螺栓拧紧。安装时应根据厂家产品使用说明书要求，按顺序安装不同厚度的标准节，并注意齿条方向。

（4）用经纬仪在两个方向检查导轨架的垂直度，要求导轨架的垂直度误差不大于安装高度的 1/1000，如图 10-7 所示。如果导轨架的垂直度偏差超出允许范围，则用事先准备的钢垫片继续调整底盘，直至导轨架的垂直度满足要求。用钢垫片在基础底盘和混凝土基础之间 5、6 位置之间垫实，进一步拧紧底盘与基础之间的连接螺栓，把底盘和标准节紧固在基础座预埋件上。

图 10-7　检测导轨架垂直度

（5）安装吊笼和对重体的缓冲装置（无对重施工升降机不安装对重缓冲装置），包括缓冲弹簧座和缓冲弹簧。弹簧座必须用螺栓连接在底盘上。

3. 安装地面防护围栏

（1）利用辅助起重设备将地面防护围栏安装就位。依次安装地面防护围栏的左侧围栏、后侧围栏（包括检修门）、右侧围栏、前围栏、电源柜框、门支撑，用螺栓将各部件连接起来，如图10-8所示。如果基础采用下沉至地面以下的做法，则需要在外笼侧围栏和后围栏上安装加高的围栏，确保四周围栏高出地面至少2m。同时还需要注意基础的排水，应保证基础不积水。

（2）调整各围栏的垂直度。

（3）调整围栏门，确保门开启灵活顺畅。

（4）安装门碰铁、门限位开关、门配重滑道和配重。

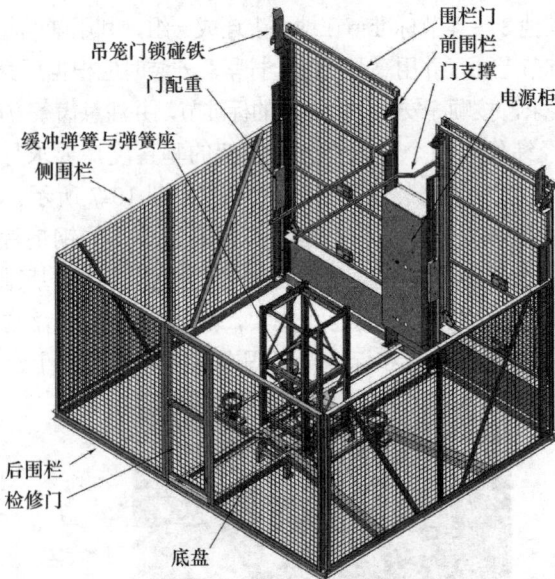

图 10-8　地面防护围栏装配示意图

4. 安装吊笼、笼顶安全围栏、传动机构和吊杆

（1）利用辅助起重设备将吊笼吊起就位，如图 10-9 所示。起吊前应清理干净吊笼内和吊笼顶上的杂物，确保门关闭、锁紧。同时要注意吊点位置的选择，且应用 3～4 个吊点进行起吊。当吊笼底部到达导轨架顶部时，将导向滚轮对准导轨架立管缓慢落下，安装时注意吊笼双开门一侧应朝向建筑物。当吊笼缓缓放置于缓冲弹簧上可用木块垫稳，然后吊装另一个吊笼。

图 10-9　将吊笼吊起就位

（2）安装笼顶安全防护围栏。

（3）利用辅助起重设备配合，以前面安装方法加装两节标准节（注意齿条方向）。

（4）在地面松开全部电动机上的制动器，如图 10-10 所示。首先拆下两个开口销，拆掉前在螺母开口处做个记号，便于复位后旋紧两个螺母，务必使两个螺母平行下旋，直至制动器松开可以随意拨动制动盘为止。

图 10-10　松开制动器

（5）用起重设备吊起传动机构，从标准节上方就位，如图10-11所示。

图 10-11　传动机构就位

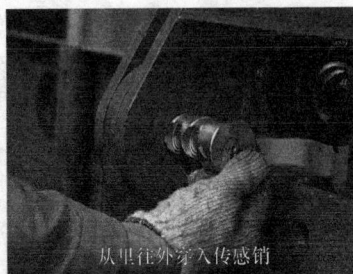

图 10-12　穿入传感销

（6）用预备较短的电缆线将传动机构与外部电源连接起来，连接操作盒，并通电。

（7）点动传动机构，将传动机构与吊笼的连接耳板对好后，用螺栓或者销轴连接固定（如用传感销连接的，应从里往外穿入传感销，切记用固定板固定），如图10-12所示。

（8）如图10-13所示，使电动机制动器复位。对上述松开方法进行反向操作。

图 10-13　制动器复位

（9）安装吊杆。将吊杆放入吊笼顶部安装孔内（电动吊杆应接好电源线），装好后吊杆转轴转动应灵活。注意：吊杆底部防脱螺栓必须安装，以防止吊杆滑脱；吊杆安装前应在各转动部件加入润滑油。

将吊杆放入吊笼顶部安装孔内

图 10-14　安装吊杆

以上电机制动器的松开和复位的步骤不能缺少,但具体方法根据厂家的安装说明。

安装完毕后,如果是双笼,则用以上相同的方法安装另外一边吊笼和传动机构。

5. 安装电气控制系统

(1)施工升降机所用电缆应为五芯电缆,所用规格应合理选择,应保证升降机满载运行时电压波动不得大于 5%。如果安装的施工升降机是变频控制的,专用开关箱选择使用的漏电开关应与变频器适配。根据厂家的安装说明接驳电缆,先后将传动机构电源线与吊笼内小电箱接线端、吊笼电源线与地面防护围栏电源线连接好,如图 10-15 所示。

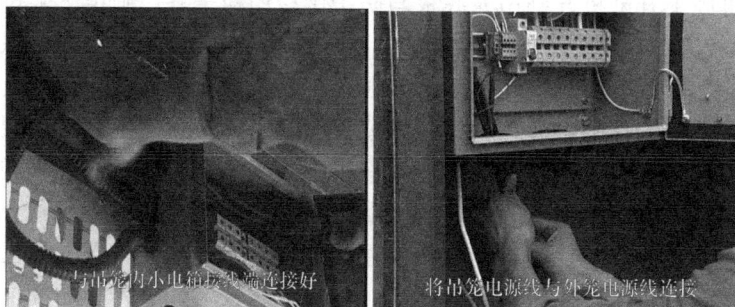

将吊笼内小电箱接线端连接好　　　将吊笼电源线与外笼电源线连接

图 10-15　接线

（2）接通地面电源箱内的电源开关，检查是否已接入相序正确电源，如图 10-16 所示，必须确保吊笼运行方向与吊笼上操作按钮的标记"向上"或"向下"一致。

通电时检查相序指示灯是否亮

图 10-16　检查相序

（3）调整地面防护围栏碰铁，确保能够正常碰开吊笼门锁。

（4）电气系统的检查。检查施工升降机结构、电动机及电气设备的金属外壳均应接地，接地电阻不得超过 4Ω；用兆欧表测量电动机及电气元件对地绝缘电阻不得小于 $1M\Omega$。检查各安全控制开关，包括吊笼门限位开关、吊笼顶门限位开关、上、下限位开关、三相极限开关、断绳保护开关应均能正常使用。

（5）安装下限位碰铁和极限开关碰铁，如图 10-17 所示。将施工升降机开到吊笼底板与防护围栏门槛平齐，确定下限位碰铁和极限开关碰铁的安装位置。下限位碰铁安装位置应保证：在正常工作状态下，下极限开关应在吊笼碰到缓冲装置之前动作。切断电源，用钢丝绳或维修管卡将吊笼固定在导轨架上，防止其下滑。安装时注意下限位开关碰铁应在极限开关碰铁之上，两者应有 150mm 的间距。安装好下限位碰铁和极限开关碰铁后，解开钢丝绳或维修管卡，将吊笼通电，检查下限位碰铁和极限开关碰铁是否正常工作。注意极限开关为手动复位型，动作后必须手动复位。

图 10-17　安装下限位碰铁和极限开关碰铁

（6）变频调速电气控制系统的安装和调试：

假如施工升降机是使用变频控制的，需要注意以下方面：

1）变频器经过运输，安装使用前应检查各电器元件是否完好，螺钉是否紧固。

2）调试前检查电源电压是否符合要求，变频器输入和输出端子的接线是否正确。

3）在确保主电路及控制电路接线正确的情况进行调试。通常变频器有关参数在施工升降机出厂前已调试好，通过变频器上的操作面板设置电机的参数，并选择静态自学习方式辨识电机，辨识完成后，设置控制模式、输出频率、加减速时间、继电器输出方式、抱闸松开和锁紧的检测频率及其他相应参数（其具体设置参数详见各厂家变频器使用说明书）。在带载试车或试验时，若出现溜钩现象，可适当调高抱闸频率，但不宜设置过高，否则变频器易报故障，一般设置在 $0.3 \sim 2Hz$ 内。

6. 安装第一道附墙架

根据施工现场的需要，施工升降机导轨架不断加高，这时导轨架必须间隔一定距离安装一道附墙架。附墙架的具体间隔距离应根据现场的具体情况来确定，但需符合厂家的安装使用说明书要求。根据现场的具体情况，附墙架可以安装在建筑物结构墙面上、混凝土楼板面上或者钢结构上，但是绝对不能安装在脚手架上。

安装方案中附墙架的具体安装方法应根据生产厂家提供的安装说明书来进行编制。需要注意的是：

（1）附墙架附着点处的建筑结构承载力应满足施工升降机使用说明书的要求。

（2）附墙架形式、附着高度、垂直间距、附着点水平距离、附墙架与水平面之间的夹角、导轨架自由端高度和导轨架与主体结构间水平距离等均应符合使用说明书的要求。

（3）当附墙架不能满足施工现场要求时，应对附墙架另行设计。附墙架的设计应满足构件刚度、强度、稳定性等要求，制作应满足设计要求。

（4）附墙架应采用专业生产厂家整套产品，不得随意拼接或制作。所有附墙预埋件必须做好隐蔽验收记录，验收合格后方可安装附墙架。

（5）附墙架与建筑物之间的连接也必须按规定使用螺栓紧固或者与钢结构焊接。穿墙螺栓必须采用双螺母。附墙架如采用焊接方式连接，则必须由专业技术人员进行验算，出具计算书，保证焊接后结构承载能力不小于所需要设计目标，焊后还要进行焊缝检测及进行防锈着漆处理。

图 10-18　附墙架的安装角度

（6）校正导轨架垂直度和附墙架安装角度，附墙架的最大水平倾角不应大于 8°，如图 10-18 所示，除非该产品另有说明。校正完毕后，拧紧所有联接螺栓，销轴连接的开口销须安装正确。慢慢启动升降机，要确保吊笼及对重等运动部件不得与附墙架相碰。

（7）安装附墙架时必须按下急停按钮，防止误操作。

7. 电力驱动升降试车

在确认标准节、吊笼、传动机构及电控系统安装正确无误后，升降试车前还必须做以下调试：

（1）调整滚轮与立管之间的间隙（包括腰滚轮）。调整后，滚轮与标准节立管间隙约为 0.5mm，如图 10-19 所示。

图 10-19　调整滚轮与立管之间的间隙

（2）调整齿轮与齿条之间的啮合间隙。用塞尺法检查所有齿轮与齿条之间的啮合间隙，要求间隙为 0.2 ~ 0.5mm，如图 10-20 所示。否则应采用锼铁调整传动板位置，以调整齿轮与齿条的啮合间隙，然后紧固所有传动板螺栓。

（3）调整导轮与齿条间隙。用塞尺检查所有导轮与齿条背面的间隙，要求间隙为 0.5mm，否则调整导轮偏心套，以调整导轮与齿条间隙，然后紧固导轮螺栓，如图 10-20 所示。

（4）在施工升降机完成上述的安装程序后，进行吊笼升降试车。由于上限位碰铁尚未安装，操作时必须谨慎，运行中在吊笼顶部由顶部控制装置操作，防止吊笼冲顶。

1）接通电源，由专职驾驶员谨慎地操作手柄，使空载吊笼沿着导轨架上、下运行数次，行程高度不得大于 5m。要求吊笼运行平稳，无跳动，无异响等情况，制动器工作正常，同时进一步检查各导向滚轮与导轨架的接触情况、齿轮与齿条的啮合情况等均应符合有关规定。

2）空载试车一切正常后，在吊笼内安装载重量的载荷进行带载运行试车，并检查电动机、减速器的发热情况。

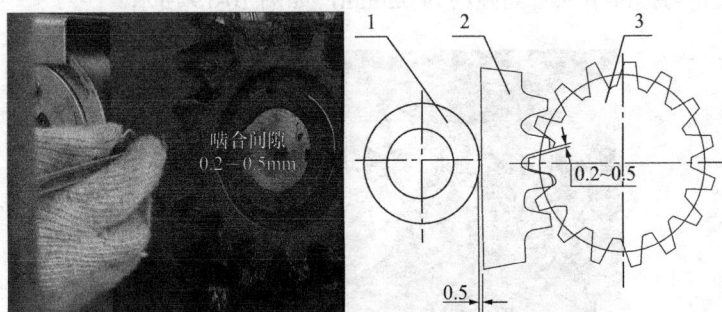

图 10-20   调整齿轮与齿条、导轮与齿条之间的间隙
1—背轮；2—齿条；3—齿轮

8. 对重（若有对重）的安装

（1）安装对重的步骤

对于有对重的施工升降机，必须在导轨架加高前将对重吊装就位在导轨架上。安装对重的步骤：

1）使用辅助起重设备将对重吊起，对重下部的导向滚轮对准导轨缓慢落下，对重放在已安装好的对重缓冲装置上。检查对重导向轮与滑道的间隙为 0.5mm，确保每个导向滚轮转动灵活。

2）当导轨架安装到要求的高度后，将天轮、绳轮、钢丝绳及钢丝绳架吊到吊笼顶部。将钢丝绳架固定在吊笼上。

3）将吊笼开至距导轨架顶端 1000mm 处，用吊杆把天轮安装到导轨架顶部，用螺栓固定好。

4）安装绳轮。

5）把钢丝绳穿过绳轮和天轮，与放至地面的对重连接好。

（2）安装对重时的注意事项

1）应保证吊笼在达到最大的提升高度时，对重应距离地面不小于550mm。

2）从吊笼顶往下放钢丝绳时，要考虑钢丝绳的重量，防止钢丝绳脱手造成事故。

3）钢丝绳的安装应符合规范要求。

4）对于双笼带对重的施工升降机，且对重导轨采用可拆式的则在安装对重系统前，须将对重导轨用螺栓和压板分别紧固至已竖起的导轨架上。对重导轨的安装应符合下列要求：

① 对重导轨在导轨架的位置必须中心对称。

② 对重导轨下端部与导轨架端部要严格齐平。

③ 调整对重导轨接头，使对重导轨相互间的连接处平直（焊装式导轨亦需修整）。

④ 对单吊笼施工升降机，对重导轨以吊笼对面的导轨架立管为导轨。

9. 导轨架加高安装

（1）导轨架加高安装的步骤

当施工升降机基本部分安装结束并试车符合要求后，即可加高导轨架。导轨架加高安装的具体安装方法应根据生产厂家提供的使用说明书来进行。安装时可利用辅助起重设备将导轨架起吊安装就位，也可操作吊杆进行接高就位。

1）若使用吊杆加高安装，则需要将吊杆的电源接线接好，加节按钮盒应置于吊笼顶部。在吊笼顶部操作吊杆时先放下吊钩，将标准节吊至吊笼顶部，平稳堆放（注意带锥套的一端向下），如图10-21所示。起吊时要注意：每次在吊笼顶部允许装载的标准节数量应在规定的安装载重量之内；笼顶标准节必须分开放置，不允许叠高放置。

图 10-21　起吊标准节

2）操纵吊笼使吊笼上升，当吊笼升至接近导轨架顶部时，改为点动行驶，直至吊笼顶部距导轨架顶端约 300mm 左右时停止。

3）用吊杆吊起标准节，将标准节两端管子接头处及齿条销子处擦拭干净，并加少量润滑脂。对准下面标准节立管和齿条上的销孔放下吊钩，用螺栓紧固。松开吊钩，将吊杆转回，拧紧全部导轨架连接螺栓，拧紧力矩符合规定要求。需要注意的是：标准节四根圆管的上下连接处的整体平面度，要求在 0.5mm 以内。

4）驱动吊笼上升 1.5m 左右，再安装下一节标准节，直至笼顶放置的标准节安装完毕，再驱动吊笼下降返回地面。

5）按上述方法将标准节依次安装，直至导轨架达到所要求的安装高度为止。随着导轨架的不断加高，应按要求在规定位置同时安装附墙架。

6）导轨架每加高 10m 左右，应用经纬仪等检测仪器检查导轨架的整体垂直度，一旦发现超差应及时加以调整。导轨架的垂直度允许偏差应符合表 10-1 的要求。

导轨架架设高度 h（m）	$h \leqslant 70$	$70 < h \leqslant 100$	$100 < h \leqslant 150$	$150 < h \leqslant 200$	$h > 200$
垂直度偏差（mm）	不大于 $(/1000) h$	$\leqslant 70$	$\leqslant 90$	$\leqslant 110$	$\leqslant 130$
	对钢丝绳式施工升降机，垂直度偏差不大于 $(1.5/1000) h$				

注意：导轨架垂直度可用经纬仪或其他检测垂直度的仪器来测量，但是不能用直尺或卷尺来测量，更不能靠目测。

7）若现场有其他起重设备可以辅助安装，可先将 4～6 节标准节在地面上连成一组，再吊上导轨架安装。

注意：如果整个导轨架中有不同立管厚度的标准节，那么立管厚度较厚的标准节一定要安装在立管厚度较薄的标准节下面。有对重导轨的导轨架，应确保上下对重导轨对接处的错位阶差不大于 0.5mm。

8）加高导轨架完成后，应安装上限位碰铁和极限开关碰铁，具体方法如下：

① 在笼顶上操作，使施工升降机吊笼向上运行，当吊笼最上面的滚轮距离导轨架顶部约 5m 时，停止运行，确定上限位碰铁和极限开关碰铁的安装位置。

图 10-22 安装上限位碰铁和极限开关碰铁

② 将吊笼降至上限位碰铁和极限开关碰铁的安装位置以下，停止运行并按下急停按钮，安装上限位碰铁和极限开关碰铁。注意上限位开关碰铁应在极限开关碰铁之下，两者应有 150mm 的间距。如图 10-22 所示。

③ 安装完毕后旋开急停按钮，操纵吊笼，检查上限位碰铁和极限开关碰铁是否正常工作。注意极限开关为手动复位型，动作后必须手动复位。

（2）导轨架加高安装的注意事项

1）当使用起重设备进行导轨架加高安装时，一定要按规定安装相应的联接螺栓。该联接螺栓一旦遗忘安装将可能造成吊笼与导轨架同时倾覆坠落的严重后果。因此，加高的标准节一经吊装就位，就必须立即装上螺栓。因为某些偶发因素导致不能继续安装螺栓的话，则应将标准节吊离导轨架，要保证在任何一个时间段都不能出现虚装标准节的现象。

2）施工升降机安装拆卸工在安装标准节的联接螺栓时应养成一个习惯：在联接螺栓安装时，总是将螺栓从联接孔的下方插入，在上方套入垫片和螺母，随后拧紧。这样做的好处是安全检查时容易发现联接螺栓因松动而造成的安全隐患。

3）在安装没有防冲顶装置的导轨架时，通常采用将顶节（即最上面一节标准节）的齿条拆掉，这样可以防止吊笼行进至最顶部。如果这样导致顶部行程不足，则可以再增加一节这样的标准节。对于某些旧式施工升降机，因其传动机构安装在吊笼内部，会增大冲顶危险，所以在安装这种施工升降机时，上述做法很有必要。

10. 安装附墙架

附墙架的安装，应与导轨架的加高安装同步进行。根据施工现场的需要，施工升降机导轨架不断加高，这时导轨架必须间隔一定距离安装一道附墙架。附墙架的具体间隔距离可根据厂家的使用说明书或者现场的具体情况来确定，常见施工升降机附墙架最大间距为 9m，而附墙后施工升降机导轨架顶端自由高度（即最后一道附墙架与导轨架顶端的距离）也必须符合使用说明书规定要求常见施工升降机最大自由端高度为 7.5 ～ 9m。附墙架的具体安装方法和注意事项与安装第一道附墙架相同。

附墙架对施工升降机的安全使用起到至关重要的作用，附墙架安装后要仔细检查螺栓是否已正确安装完毕。在任何时间段内，都不允许出现导轨架加高了，而相应的附墙架却没有安装或虚装的现象。

11. 导轨架加高后的试运行

专职司机应记住自己操作的吊笼可上行的最高楼层位置。由于建设中的楼层的高度不断上升，施工升降机为满足施工需要，也会不断地加高导轨架。如果加高安装过程有疏漏，很容易造成上行的吊笼与加高后的导轨架同时翻覆坠落，发生安全事故，如图 10-23 所示。

因此，除了安装人员必须按规定来加高安装之外，操作人员也应当知悉加高的前后情况以及准确安装时间，并在加高完成后进行试行。除非司机参与了加高全过程，确知吊笼能够在新高度内可靠上行，否则不应省略试运行程序。

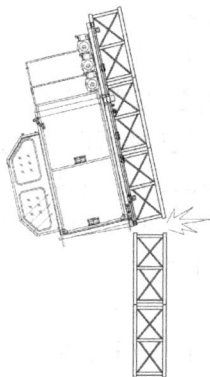

图 10-23　吊笼和导轨架翻覆事故　图 10-24　导轨架加高后的检查

（1）导轨架加高后试运行程序

1）吊笼内除司机外，应完全空载。

2）启动吊笼向上运行，在到达加高前的高度（或楼层）时停止上行。操作人员通过小梯和天窗上到笼顶，也可直接在笼顶进行全过程操作，这样不必上下攀爬，但要注意安全。

3）观察加高后每一节标准节之间的四根主联接螺栓是否有漏缺以及是否拧紧，并确认上极限开关碰铁、上限位开关碰铁和加高后的附墙架的安装情况，如图 10-24 所示。

4）只有经过试运行，检查导轨架、各个联接螺栓和限位装置等都正常之后的吊笼，才能做正常的人员登载和物品运输。

试运行过程也应该在司机更替时由新接手司机进行，此时新接手司机应假设该施工升降机全部高度均为新加高后的高度。该检查同时作为每日必须检查的重要内容，司机应在每日上班的第一次正式搭载人员上行前完成。

（2）加高安装时不规范的操作

1）标准节之间的四根主联接螺栓没有拧紧，达不到使用说明书规定的力矩要求。

2）虚装标准节。看上去有螺栓但却没有装上螺母。

3）只安装了两根螺栓，甚至完全没有螺栓。

4）附墙架没有安装或没有按规定安装好。

5）上极限开关碰铁没有安装或位置不准确（注：上极限开关碰铁的位置应正对着吊笼安全器右侧的极限开关器上的动作手柄）。

这些安全隐患通常是由于安装人员疏忽大意而产生的，后果却是极其严重的，其直接危害吊笼上全体人员的生命安全。如果司机未进行该类检查而直接工作的话，极有可能造成吊笼从最高处坠落并导致全体搭乘人员死亡的重大事故。

12. 安装电缆导向装置

施工升降机的供给电源电缆的安装方法与采用的电缆导向装置形式有关。以下是常用的电缆小车的安装方法：

（1）将吊笼升高至距离地面约 3m 高度，切断电源，并用钢丝绳固定在导轨架上。

（2）如图 10-25 所示，在导轨架底部安装电缆小车，调整滚轮轴使各滚轮与标准节立管的间隙为 0.5mm。

（3）试推动电缆小车，确认无卡阻现象。

（4）将吊笼升高至上限位开关碰铁处，在最顶端标准节的中间位置安装中间挑线架，如图 10-26 所示。

图 10-25　安装电缆小车　　　　图 10-26　安装挑线架

（5）用起重设备将电缆吊起一定高度，自由松劲退股，防止其打卷。

（6）将退股后的电缆正中间位置固定在挑线架上，一边通过导轨架顺沿至地面防护围栏电源箱位置，并固定在导轨架上，另一边穿过电缆小车导轮后，再穿过吊笼上的电缆托架，接入吊笼内的电源接线盒，再固定电缆托架后接线。

（7）通电，检测相序是否正确。

（8）从导轨架底部算起，每隔约 6m 在导轨架上安装一套电缆保护架，如图 10-27 所示。

图 10-27　安装电缆保护架

（9）电缆导向装置安装完毕后，缓慢开动吊笼，要确保电缆导向装置不与施工升降机其他部件（如吊笼、附墙架等）相碰。

13. 天轮和对重钢丝绳的安装

对于有对重的施工升降机，在导轨架安装完毕后应进行天轮和对重钢丝绳的安装。

（1）将吊笼下降到升降机底部位置，用吊杆将天轮吊至吊笼顶部，然后将升降机升至距离导轨架顶端约 0.5m 处，用吊杆将天轮吊到导轨架顶部，用螺栓连接固定。

（2）将吊笼顶部钢丝绳架中的钢丝绳一端放出，穿过对重绳轮和导轨架顶部的天轮，然后放到相应的对重体一侧的地面上。钢丝绳的长度应保证吊笼到达最大提升高度时，对重离缓冲弹簧距离不小于 500mm。

（3）每个吊笼对重均有两根连接钢丝绳。将两根钢丝绳分别与对重体上部的自动调整块连接，每根钢丝绳最少用三个绳夹固定，如图 10-28 所示。用同一种方法将另一端与吊笼顶部的对重绳轮固定，如图 10-29 所示。

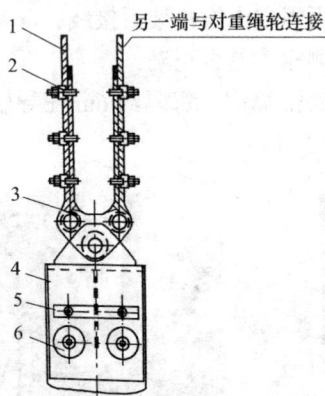

图 10-28　钢丝绳与对重体连接示意图（一）
1—对重钢丝绳；2—钢丝绳夹；3—对重绳轮；4—对重体；
5—滑轮保护架；6—导向滑轮

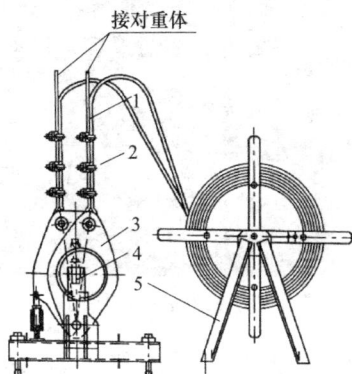

图 10-29 钢丝绳与对重体连接示意图（二）

1—对重钢丝绳；2—钢丝绳夹；3—对重绳轮；

4—断绳限位开关；5—钢丝绳架

（4）因工程需要，施工升降机需要加高时，须将天轮架拆下，方能对导轨架进行加高安装，其方法如下：

1）在吊笼顶部操纵吊笼升至导轨架顶部，拆除导轨架顶部的上限位装置的限位碰铁。

2）操纵吊笼上升，将对重装置缓缓降到地面的缓冲弹簧上。

3）拆去天轮架滑轮的保护罩，将钢丝绳从偏心绳具和天轮架上取下，并将其挂在导轨架上，也可将钢丝绳放至顶部楼面（连同钢丝绳盘绳装置），操作时需防止钢丝绳脱落。

4）拆除天轮架与导轨架的固定螺栓，用安装吊杆将天轮架拆下。将导轨架加高至所需高度，并重新安装天轮和对重钢丝绳。

14. 安装层门

如图 10-30 所示，在各停层站上应根据厂家的使用说明书要求安装层门。安装层门需要注意以下几点：

图 10-30 已安装好的层门

（1）层门应装备可以人工打开的自锁装置，只有在吊笼运行到预定层站的垂直距离在 ±0.25m 以内时，该层站的层门才能打开。

（2）层门的强度应符合要求且不应朝升降通道打开，否则吊笼可能会与门发生碰撞。

（3）层门锁止装置应安装牢固，紧固件应有放松装置。

（4）装载和卸载时，吊笼门边缘与层站边缘的水平距离应不大于 50mm。

（5）正常作业时，关闭的吊笼门与关闭的层门间的水平距离应不大于 150mm。否则应配备侧面防护装置。

（6）如果配置机电联锁装置，还应试运行吊笼至各停层站，确认机电联锁装置工作正常。

15. 楼层呼叫系统的安装

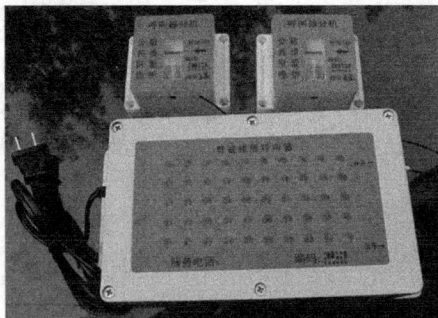

图 10-31 安装楼层呼叫系统

在各停层站上应当安装与施工升降机操作人员联络的楼层呼叫系统。其安装程序和方法可按照生产厂家的使用说明书要求来安装。见图10-31。

楼层呼叫系统安装完毕后，必须经过调试合格后方可使用。

16. **整机调试、自检和验收**

施工升降机安装完毕后，应进行通电试运转和整机性能调试。整机调试后应进行安装自检。安装自检合格后经有资质的检验检测机构检测合格后，由施工总承包单位（使用单位）组织有关单位验收。施工升降机验收合格后方可投入使用，未经验收或验收不合格的不得投入使用。

10.3 施工升降机安装自检及验收

10.3.1 施工升降机安装调整

施工升降机的安装调整是安装工作的重要组成部分，也是不可缺少的一个环节。施工升降机的主要零部件如导轨架、滚轮、齿轮和齿条、上下限位碰铁等安装后均必须进行调整。

1. 导轨架垂直度的调整

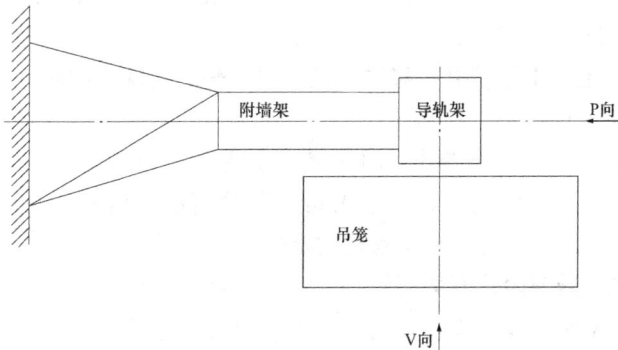

图 10-32 垂直度测定方向示意图

吊笼空载降至地面，用经纬仪在两个方向上测量导轨架的安装垂直度，重复三次取平均值，如图 10-32 所示。如垂直度偏差超过如表 10-2 所示的规定值，可调整附墙架的调节杆，使导轨架的垂直度符合标准要求。

导轨架垂直度允许偏差表 表 10-2

导轨架架设高度 h（m）	$h \leqslant 70$	$70 < h \leqslant 100$	$100 < h \leqslant 150$	$150 < h \leqslant 200$	$h > 200$
垂直度偏差（mm）	不大于（/1000）h	$\leqslant 70$	$\leqslant 90$	$\leqslant 110$	$\leqslant 130$
	对钢丝绳式施工升降机，垂直度偏差不大于（1.5/1000）h				

2. 导向滚轮与导轨架立管的调整

用塞尺检查滚轮与导轨架立管的间隙，不符合要求的进行调整。调整方法：松开滚轮的固定螺栓，用专用扳手转动偏心轴，调整间隙为 0.5mm，调整完毕后将螺栓紧好。

3. 齿轮和齿条啮合间隙调整

用塞尺测量齿轮和齿条啮合间隙，不符合要求的进行调整。调整方法：松开传动板上的背轮螺母，用专用扳手转动偏心套调整齿轮与齿条的啮合间隙、背轮与齿轮的间隙。调整齿轮和齿条啮合间隙为 0.2 ～ 0.5mm，靠背轮与齿条的间隙为 0.5mm，调整完毕将螺栓紧固好。

4. 上、下限位开关碰铁及减速限位开关碰铁的调整

（1）上限位开关碰铁

调整时在笼顶操作，将吊笼向上提升，当上限位开关动作时，上部安全距离应不小于 1.8m。如位置出现偏差，可调整上限位开关碰铁，并用钩头螺栓固定好。

（2）减速限位开关碰铁

调整时在笼内操作，将吊笼下降到吊笼与围栏门平齐时（满载），减速限位开关碰铁应与减速限位开关接触并有效。如位置出现偏差，应重新安装减速限位开关碰铁，并用螺栓固定好。

（3）下限位开关碰铁

调整时使吊笼下降，下限位开关应与下限位开关碰铁有效接触，使吊笼停住。如位置出现偏差，应调整下限位开关碰铁位置，并用螺栓固定好。

（4）上、下极限开关碰铁

上极限开关的安装位置应保证上极限开关与上限位开关之间的越程距离为 0.15m，如图 10-33 所示。下极限开关的安装位置应保证吊笼在碰到缓冲装置之前下极限开关先动作。限位调整时，对于双吊笼施工升降机，一个吊笼进行调整，另一个吊笼必须停机。

图 10-33　上、下极限开关碰铁的安装位置

5. 变频调速施工升降机的运行调整

变频调速施工升降机的运行调整必须在生产厂家的指导下，调整变频器的参数，直到施工升降机运行速度达到规定值。

10.3.2　施工升降机主要零部件的技术要求和报废标准

1. 齿轮与齿条

施工升降机中的齿轮齿条机构能否可靠工作，不仅关系到设备的正常运转及使用，更直接关系到建设施工现场的施工安全。

（1）齿轮

施工升降机齿轮的使用应当满足一定的使用要求，而且应符合相应的报废标准。当磨损量达到一定的报废极限时应当更换。

1）齿轮使用要求

齿轮本身的制造精度，对整个机器的工作性能、承载能力及使用寿命都有很大的影响。根据其使用条件，齿轮传动应满足以下几个方面的要求。

① 传递运动准确性

要求齿轮较准确地传递运动，传动比恒定。即要求齿轮在一转中的转角误差不超过一定范围。

② 传递运动平稳性

要求齿轮传递运动平稳，以减小冲击、振动和噪声。即要求限制齿轮转动时瞬时速比的变化。

③ 载荷分布均匀性

要求齿轮工作时，齿面接触要均匀，以使齿轮在传递动力时不致因载荷分布不均匀而使接触应力过大，引起齿面过早磨损。接触精度除了包括齿面接触均匀性以外，还包括接触面积和接触位置。

④ 传动侧隙的合理性

要求齿轮工作时，非工作齿面间留有一定的间隙，以贮存润滑油，补偿因温度、弹性变形所引起的尺寸变化和加工、装配时的一些误差。

齿轮的制造精度和齿侧间隙主要根据齿轮的用途和工作条件而定。对于分度传动用的齿轮，主要要求齿轮的运动精度较高；对于高速动力传动用齿轮，为了减少冲击和噪声，对工作平稳性精度有较高要求；对于重载低速传动用的齿轮，则要求齿面有较高的接触精度，以保证齿轮不致过早磨损；对于换向传动和读数机构用的齿轮，则应严格控制齿侧间隙，必要时须消除间隙。

2）齿轮的磨损极限

齿轮的磨损极限的测量可用公法线千分尺跨二齿测公法线长度，如图 10-34（a）所示。新齿轮和磨损后齿轮的相邻齿公法线长度应按使用说明书规定进行检查。如某厂施工升降机使用说明书中规定：新齿轮相邻齿公法线长度 $L = 37.1$mm 时，磨损后跨二齿公法线长度应 $L \geqslant 35.8$mm。

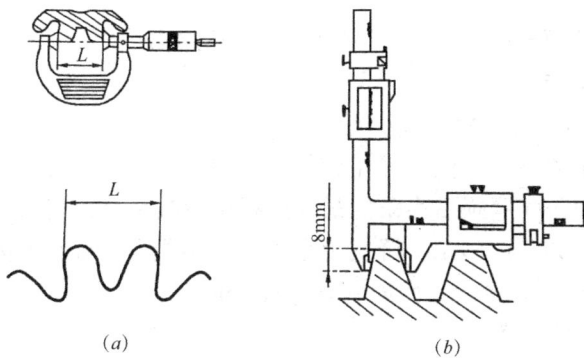

图 10-34　齿轮齿条的磨损测量

（a）齿轮的磨损测量；（b）齿条的磨损测量

3）减速器驱动齿轮的更换

当减速器驱动齿轮齿形磨损达到极限时，必须进行更换，更换方法如图 10-35 所示。

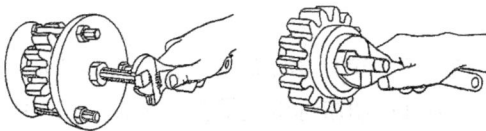

图 10-35　更换减速器驱动齿轮

① 将吊笼降至地面用木块垫稳。

② 拆掉电机接线，松开电动机制动器，拆下背轮。

③ 松开驱动板连接螺栓，将驱动板从驱动架上取下。

④ 拆下减速机驱动齿轮外轴端圆螺母及锁片，拔出小齿轮。

⑤ 将轴径表面擦洗干净并涂上黄油。

⑥ 将新齿轮装到轴上，上好圆螺母及锁片。

⑦ 将驱动板重新装回驱动架上，穿好连接螺栓（先不要拧紧）并安装好背轮。

⑧ 调整好齿轮啮合间隙，使用扭力扳手将背轮连接螺栓、驱动板连接螺栓拧紧，拧紧力矩应分别达到 300N·m 和

200N·m。

⑨ 恢复电机制动并接好电机及制动器接线。

⑩ 通电试运行。

（2）齿条的磨损极限

齿条的磨损极限量可用游标卡尺测量，如图 10-34（b）所示。新齿条和磨损后齿条的最大磨损量应按使用说明书规定进行检查。如某厂施工升降机使用说明书中规定：新齿条齿宽为 12.566mm 时，磨损后齿宽不小于 11.6mm。

齿条的更换：

1）松开齿条连接螺栓，拆卸磨损或损坏了的齿条，必要时允许用气割等工艺手段拆除齿条及其固定螺栓，清洁导轨架上的齿条安装螺孔，并用特制液体涂定夜做标记。

2）按标定位置安装新齿条，其位置偏差、齿条距离导轨架立管中心线的尺寸，如图 10-36 所示。螺栓预紧力为 200N·m。

2. 滚轮

滚轮的磨损极限可以参照施工升降机使用说明书的要求。

（1）测量方法：用游标卡尺测量，如图 10-37 所示。

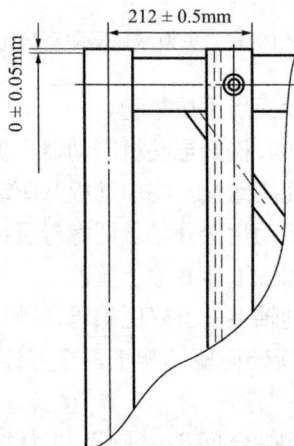

图 10-36　齿条安装位置偏差

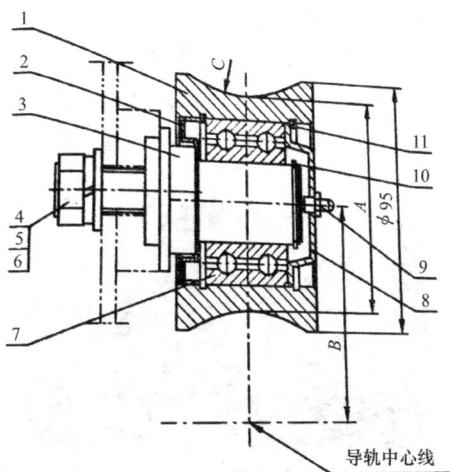

图 10-37　滚轮磨损量的测量

1—滚轮；2—油封；3—滚轮轴；4—螺栓；5,6—垫圈；7—轴承；

8—端盖；9—油杯；10—挡圈；11—轴承挡圈；

A—滚轮直径；B—滚轮与导轨架主弦杆的中心距；C—导轮凹面弧度半径

（2）某厂施工升降机使用说明书中滚轮的极限磨损量要求见表 10-3。

滚轮的极限磨损量　　　　　　　　　　　　表 10-3

测量尺寸	新滚轮（mm）	磨损的滚轮（mm）
A	$\phi 80$	最小 $\phi 78$
B	79 ± 3	最小 76
C	R40	最大 R42

（3）滚轮的更换：

当滚轮轴承损坏或滚轮磨损超差时必须更换。

1）将吊笼降至地面用木块垫稳。

2）用扳手松开并取下滚轮连接螺栓，取下滚轮。

3）装上新滚轮，调整好滚轮与导轨之间的间隙，使用扭力扳手紧固好滚轮连接螺栓，拧紧力矩应达到 200N·m。

3. 减速机蜗轮和伞齿齿轮

（1）施工升降机减速机的常见类型

国内施工升降机的减速机大多数选用蜗轮蜗杆减速机或者伞齿齿轮减速机。蜗轮蜗杆减速机的结构如图 10-38 所示。

图 10-38　蜗轮蜗杆减速机剖切图

（2）减速机中蜗轮蜗杆或伞齿齿轮的报废极限要求

对于蜗轮蜗杆减速机蜗轮齿牙的磨损情况可用专用测量尺检测。如图 10-39 所示，当蜗轮齿牙磨损到 50%，则必须更换减速机。

对于伞齿齿轮减速机齿轮的磨损情况则可用卡尺检测。如图 10-40 所示，当齿轮磨损到 $B - 2A > 3mm$ 时，必须更换减速机。

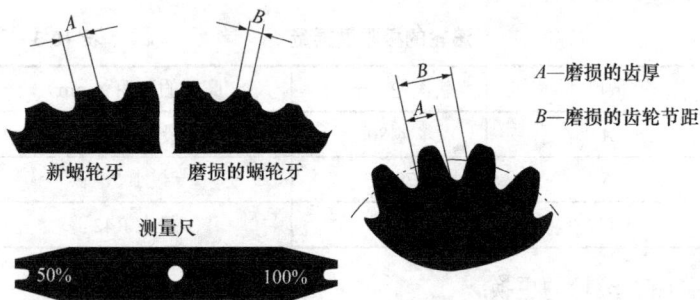

A—磨损的齿厚

B—磨损的齿轮节距

新蜗轮牙　　磨损的蜗轮牙

测量尺

50%　　　100%

图 10-39　检测蜗轮齿牙磨损情况　图 10-40　检测伞齿齿轮磨损情况

4. 电机制动块和制动盘

（1）电机制动块的使用要求

电机制动器的电磁铁芯与衔铁之间的间隙，由具独特功能的间隙自动跟踪调整装置控制，故在一定范围内间隙不受制动块磨损的影响，但当制动块磨损到接近转动盘厚度时，必须更换制动块。

（2）电机旋转制动盘的磨损极限

电机制动盘由铜基丝末石棉材料制成，具有耐高温，耐磨损的特点。

电机旋转制动盘磨损极限量可用塞尺进行测量，如图 10-41 所示。当旋转制动盘摩擦材料单面厚度 a 磨损到接近 1mm 时，必须更换制动盘。电机制动盘为易损件，如发现固定制动盘和衔铁也有明显的磨损时，应同时更换。

5. 钢丝绳

（1）钢丝绳的技术要求

1）股

① 股应捻制均匀、紧密。

② 股芯丝和股纤维芯，应具有足够的支撑作用，以使外层包捻的钢丝能均匀捻制，股中相邻钢丝之间允许有均匀的缝隙。用同直径钢丝制成的股及绳中的钢芯，其中心钢丝和中心股应适当加大。

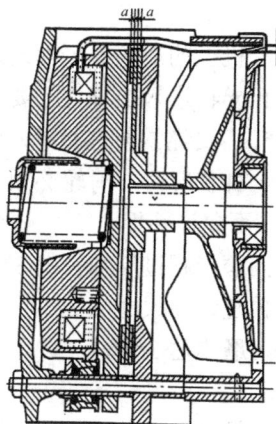

图 10-41   电机制动盘磨损量的检测

2）钢丝绳捻制

① 钢丝绳应捻制均匀、紧密和不松散。在展开和无负荷情况下，不得呈波浪状。绳内钢丝不得有交错、折弯和断丝等缺陷，但允许有因变形工卡具压紧造成的钢丝压扁现象存在。

② 钢丝绳制造时，同直径钢丝应为同一公称抗拉强度，不同直径钢丝允许采用相同或相邻公称抗拉强度，但应保证钢丝绳最小破断拉力符合有关规定。

③ 钢丝绳的绳芯应具有足够的支撑作用，以使外层包捻的股均匀捻制。允许各相邻股之间有较均匀的缝隙。

④ 镀锌钢丝绳中的所有钢丝都应是镀锌的。

⑤ 钢丝绳中钢丝的接头应尽量减少。钢丝接续时，应用对焊连接。股同一次捻制中，各连接点在股内的距离不得小于10m。

⑥ 涂油，除非另有要求，钢丝绳应均匀地连续涂敷防锈油脂。需方要求钢丝绳有增磨性能时，钢丝绳应涂增磨油脂。

（2）钢丝绳的报废标准

常见钢丝绳报废标准见附录4《起重机 钢丝绳 保养、维护、检验和报废》GB/T 5972—2016（摘录）有关规定。

6. 滑轮

建筑施工所用升降机上的滑轮安全性要求较高，引导钢丝绳上行的滑轮应设置防止异物进入措施，还要有防脱槽装置，钢丝绳的偏角不得超过2.5°，要经常清理润滑，保证灵活转动。

当出现以下任何一种状况时，滑轮必须报废：

（1）滑轮有裂纹，不允许补焊；

（2）滑轮绳槽径向磨损超过原绳径的5%；

（3）滑轮槽壁磨损超过原尺寸的20%；

（4）轮槽的不均匀磨损达3mm；

（5）轮缘破损；

（6）轴套磨损超过轴套壁厚的10%；

（7）中轴磨损超过轴径的2%。

10.3.3　施工升降机的整机性能试验

1. 空载试验

每个吊笼应分别进行空载试验。全行程进行不少于 3 个工作循环的空载试验，每一工作循环的升降过程中应进行不少于 2 次的制动，其中在半行程应至少进行一次吊笼上升和下降的制动试验，观察操作系统、控制系统应灵活、可靠；各安全装置应动作灵敏、可靠；吊笼应运行平稳，无异常响声，起、制动正常，无制动瞬时滑移现象，在全行程范围内运行无任何障碍。若吊笼滑动距离超过标准要求，则说明制动器的制动力矩不够，应压紧其电动机尾部的制动弹簧。

2. 安装试验

安装试验也就是安装工况不少于两个标准节的接高试验。试验时首先将吊笼离地 1m，向吊笼平稳、均布地加载荷至额定安装载重量的 125%，然后切断动力电源，进行静态试验 10min，吊笼不应下滑，也不应出现其他异常现象。若滑动距离超过标准要求，则说明制动器的制动力矩不够，应压紧其电动机尾部的制动弹簧。有对重的施工升降机，应当在不安装对重的安装工况下进行试验。

3. 额定载重量试验

在吊笼内装额定载重量，载荷重心位置按内偏和外偏，按所选电动机的工作制，各做全行程连续运行 30min 的试验，每一工作循环的升降过程应进行不少于一次制动。观察操作系统、控制系统应灵活、可靠；各安全装置应动作灵敏、可靠；吊笼应运行平稳，启动、制动正常，无异常响声，吊笼停止时，不应出现瞬时滑移现象。在中途再启动工作时，不允许出现瞬时滑移现象。额定载重量试验后，应测量减速器和液压系统的温升，蜗轮蜗杆减速器油液温升不得超过 60℃，其他减速器油液温升不得超过 45℃。

双吊笼施工升降机应按左、右吊笼分别进行额定载重量试验。

4. 超载试验

在施工升降机吊笼内均匀布置额定载重量的 125% 的载荷，

工作行程为全行程，工作循环不应少于3个，每一工作循环的升降过程中应进行不少于一次制动。观察操作系统、控制系统应灵活、可靠；各安全装置应动作灵敏、可靠；吊笼应运行平稳，启动、制动正常，无异常响声，吊笼停止时，不应出现瞬时滑移现象。

5. 坠落试验

（1）坠落试验的意义

防坠安全器担负着在吊笼失速坠落时制停的重要功能。在以往发生的施工升降机事故中，因吊笼坠落引起了严重的伤亡事故，因此必须要保证吊笼安全器的可靠与正常，才能使施工升降机发生伤亡事故的概率降至最低。而定期进行坠落试验，则是检验安全器可靠与否、正常与否的有效手段。

（2）坠落试验

首次使用的施工升降机或转移工地后重新安装的施工升降机，必须在投入使用前进行额定荷载坠落试验。施工升降机投入正常运行后，还需每隔三个月定期进行一次坠落试验，以确保施工升降机的使用安全。坠落试验时防坠安全器应动作可靠，将吊笼制停；防坠安全器动作时，其电气联锁安全开关也应动作；各结构和各连接部分应无任何损坏和永久变形。坠落试验如图 10-42 所示，一般程序如下：

图 10-42　坠落试验

1）在吊笼中加载额定载重量。

2）切断地面电源箱的总电源。

3）将坠落试验按钮盒的电缆插头插入吊笼电气控制箱底部的坠落试验专用插座中。

4）把试验按钮盒的电缆固定在吊笼上电气控制箱附近，将按钮盒设置在地面。坠落试验时，应确保电缆不会被挤压或卡住。

5）撤离吊笼内所有人员，关上全部吊笼门和围栏门。

6）合上地面电源箱中的主电源开关。

7）按下试验按钮盒标有上升符号的按钮（符号↑），驱动吊笼上升至离地面约 3～10m。

8）按下试验按钮盒标有下降符号的按钮（符号↓），并保持按住这按钮。这时，电机制动器松闸，吊笼下坠。当吊笼下坠速度达到临界速度，防坠安全器将动作，把吊笼刹住。

当防坠安全器未能按规定要求动作而刹住吊笼，必须将吊笼上电气控制箱上的坠落试验插头拔下，操纵吊笼下降至地面后，查明防坠安全器不动作的原因，排除故障后，才能再次进行试验。必要时需送生产厂校验。

9）防坠安全器按要求动作后，驱动吊笼上升至高一层的停靠站。

10）拆除试验电缆。此时，吊笼应无法启动。因当防坠安全器动作时，其内部的电控开关已动作，以防止吊笼在试验电缆被拆除而防坠安全器尚未按规定要求复位的情况下被启动。

（3）防坠安全器动作后的复位

坠落试验后或防坠安全器每发生一次动作，均需对防坠安全器进行复位工作。在正常操作中发生动作后，须查明发生动作的原因，并采取相应的措施。在检查确认完好后或查清原因，排除故障后，才可对安全器进行复位，防坠安全器未复位前，严禁继续操作施工升降机。安全器在复位前应检查电动机、制动器、蜗轮减速器、联轴器、吊笼滚轮、对重滚轮、驱动小齿轮、安全器齿轮、齿条、背轮和安全器的安全开关等零部件是否完好，连接是否牢固，安装位置是否符合规定。

目前常用的渐进式防坠安全器从外观构造上区分有两种：一种是后端只有后盖；另一种在后盖上有一个小罩盖。两种安全器的复位方法有所不同。

1）安全器 I 复位操作，如图 10-43 所示。

① 断开主电源；

② 旋出螺钉 1，拆下后盖 2，旋出螺钉 3；

③ 用专用工具 4 和扳手 5，旋出铜螺母 6 直至弹簧销 7 的端部和安全器外壳后端面平齐为止，这时安全器的安全开关已复位；

④ 安装螺钉 3；

⑤ 接通主电源，驱动吊笼向上运行 300mm 以上，使离心块复位；

⑥ 用锤子通过铜棒，敲击安全器后螺杆；

⑦ 装上后盖 2，旋紧螺钉 1；

⑧ 若复位后，外锥体摩擦片未脱开，可用锤子通过铜棒，敲击安全器后螺杆，迫使其脱离，达到复位作用。

2）带罩盖安全器 II 复位操作，如图 10-44 所示。

① 断开主电源；

② 旋出螺钉 1，拆下后盖 2，旋出螺钉 3；

③ 用专用工具 4 和扳手 5，旋出铜螺母 6 直至弹簧销 7 的端部和安全器外壳后端面平齐为止。这时安全器的安全开关已复位；

④ 安装螺钉 3；

⑤ 接通主电源，驱动吊笼向上运行 300mm 以上，使离心块复位；

⑥ 装上后盖 2，旋紧螺钉 1，旋下罩盖 9，用手旋紧螺栓 8；

⑦ 用扳手 5 把螺栓 8 再旋紧 30°左右，然后立即反向退至上一步初始位置；

⑧ 装上罩盖 9。

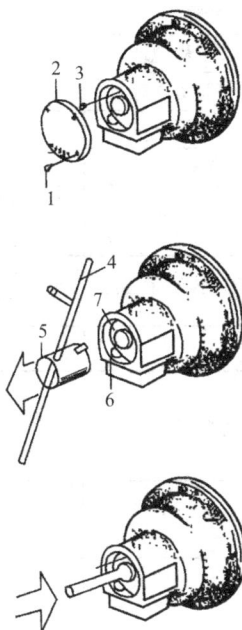

图 10-43　安全器 I 的复位
1，3—螺钉；2—后盖；4—专用
工具；5—扳手；6—铜螺母；
7—弹簧销

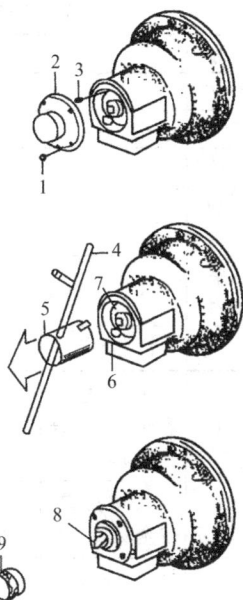

图 10-44　安全器 II 的复位
1，3—螺钉；2—后盖；4—专用
工具；5—扳手；6—铜螺母；
7—弹簧销；8—螺栓；9—罩盖

10.3.4　施工升降机安装自检与验收

施工升降机安装完毕后，应进行通电试运转、安装调试并进行自检。自检合格出具自检报告后方可约请具有相应资质的检验检测机构进行监督检验。

1. 安装自检的内容和要求

安装自检应当按照有关安全技术规范和使用说明书的要求进行检查，并填写安装自检表。安装自检的主要内容和要求可参考《建筑施工升降机安装、使用、拆卸安全技术规程》JGJ 215—2010 附录 B，如表 10-4 所示。

施工升降机安装自检表　　　　　　　　表 10-4

工程名称				工程地址			
安装单位				安装资质等级			
制造单位				使用单位			
设备型号				备案登记号			
安装日期			初始安装高度			最高安装高度	
检查结果代号说明		√＝合格　○＝整改后合格　×＝不合格　无＝无此项					
名称	序号	检查项目	要　求			检查结果	备注
资料检查	1	基础验收表和隐蔽工程验收单	应齐全				
	2	安装方案、安全交底记录	应齐全				
	3	转场保养作业单	应齐全				
标志	4	统一编号牌	应设置在规定位置				
	5	警示标志	吊笼内应有安全操作规程，操纵按钮及其他危险处应有醒目的警示标志，施工升降机应设限载和楼层标志				
基础和围护设施	6	地面防护围栏门联锁保护装置	应装机电联锁装置。吊笼位于底部规定位置时，地面防护围栏门才能打开。地面防护围栏门开启后吊笼不能启动				
	7	地面防护围栏	基础上吊笼和对重升降通道周围应设置地面防护围栏，高度≥1.8m				
	8	安全防护区	当施工升降机基础下方有施工作业区时，应加设对重坠落伤人的安全防护区及其安全防护措施				

202

名称	序号	检查项目	要 求		检查结果	备注
金属结构件	9	金属结构件外观	无明显变形、脱焊、开裂和锈蚀			
	10	螺栓连接	紧固件安装准确、紧固可靠			
	11	销轴连接	销轴连接定位可靠			
	12	导轨架垂直度	架设高度 h(m) $h \leqslant 70$ $70 < h \leqslant 100$ $100 < h \leqslant 150$ $150 < h \leqslant 200$ $h > 200$	垂直度偏差（mm） $\leqslant (1/1000) h$ $\leqslant 70$ $\leqslant 90$ $\leqslant 110$ $\leqslant 130$		
			对钢丝绳式施工升降机，垂直度偏差应 $\leqslant (1.5/1000) h$			
吊笼	13	紧急逃离门	吊笼顶应有紧急出口，装有向外开启活动板门，并配有专用扶梯。活动板门应设有安全开关，当门打开时，吊笼不能启动			
	14	吊笼顶部护栏	吊笼顶周围应设置护栏，高度 $\geqslant 1.05$m			
层门	15	层站层门	应设置层站层门。层门只能由司机启闭，吊笼门与层站边缘水平距离 $\leqslant 50$mm			
传动及导向	16	防护装置	转动零部件的外露部分应有防护罩等防护装置			
	17	制动器	制动性能良好，有手动松闸功能			
	18	齿条对接	相邻两齿条的对接处沿齿高方向的阶差应 $\leqslant 0.3$mm，沿长度的齿差应 $\leqslant 0.6$mm			
	19	齿轮齿条啮合	齿条应有90%以上的计算宽度参与啮合，且与齿轮的啮合侧隙为 $0.2 \sim 0.5$mm			
	20	导向轮及背轮	连接及润滑应良好、导向灵活、无明显倾侧现象			

名称	序号	检查项目	要求	检查结果	备注
附着装置	21	附着装置	应采用配套标准产品		
	22	附着间距	应符合使用说明书要求或设计要求		
	23	自由端高度	应符合使用说明书要求		
	24	与构筑物连接	应牢固可靠		
安全装置	25	防坠安全器	只能在有效标定期限内使用（应提供检测合格证）		
	26	防松绳开关	对重应设置防松绳开关		
	27	安全钩	安装位置及结构应能防止吊笼脱离导轨架或安全器的输出齿轮脱离齿条		
	28	上限位	安装位置:提升速度 $v < 0.8$（m/s）时，留有上部安全距离应 $\geqslant 1.8$（m）；$v \geqslant 0.8$（m/s）时，留有上部安全距离应 $\geqslant 1.8+0.1v^2$（m）		
	29	上极限开关	极限开关应为非自动复位型，动作时能切断总电源，动作后须手动复位才能使吊笼启动		
	30	越程距离	上限位和上极限开关之间的越程距离应 $\geqslant 0.15m$		
	31	下限位	安装位置:应在吊笼制停时，距下极限开关一定距离		
	32	下极限开关	在正常工作状态下，吊笼碰到缓冲器之前，下极限开关应首先动作		

名称	序号	检查项目	要求	检查结果	备注
电气系统	33	急停开关	应在便于操作处装设非自行复位的急停开关		
	34	绝缘电阻	电动机及电气元件（电子元器件部分除外）的对地绝缘电阻应$\geqslant 0.5\,M\Omega$；电气线路的对地绝缘电阻应$\geqslant 1\,M\Omega$		
	35	接地保护	电动机和电气设备金属外壳均应接地，接地电阻应$\leqslant 4\Omega$		
	36	失压、零位保护	灵敏、正确		
	37	电气线路	排列整齐,接地,零线分开		
	38	相序保护装置	应设置		
	39	通信联络装置	应设置		
	40	电缆与电缆导向	电缆应完好无破损，电缆导向架按规定设置		
对重和钢丝绳	41	钢丝绳	应规格正确，且未达到报废标准		
	42	对重安装	应按使用说明书要求设置		
	43	对重导轨	接缝平整，导向良好		
	44	钢丝绳端部固结	应固结可靠。绳卡规格应与绳径匹配，其数量不得少于3个，间距不小于绳径的6倍，滑鞍应放在受力一侧		

自检结论：

检查人签字：　　　　　　　　　　检查日期：　　年　月　日

注：对不符合要求的项目应在备注栏具体说明，对要求量化的参数应填实测值。

2. 施工升降机安装验收

施工升降机安装自检合格后，经有资质的检验检测机构检验合格，使用单位应当组织产权（出租单位）、安装单位、监理单位等有关单位进行综合验收。验收合格后方可投入使用，未经验收或验收不合格的不得使用。实行施工总承包的，由总承包单位组织产权（出租）单位、安装单位、使用单位、监理单位等有关单位进行验收。验收内容主要包括自检情况、技术资料、标识和环境等，具体内容可参考《建筑施工升降机安装、使用、拆卸安全技术规程》JGJ 215—2010 附录 C，如表 10-5 所示。

施工升降机安装验收表　　　　　　　　　表 10-5

工程名称			工程地址	
设备型号			备案登记号	
设备生产厂			出厂编号	
出厂日期			安装高度	
安装负责人			安装日期	

检查结果代号说明		√＝合格　〇＝整改后合格　×＝不合格　无＝无此项			
检查项目	序号	内容和要求		检查结果	备注
主要部件	1	导轨架、附墙架连接安装齐全、牢固，位置正确			
	2	螺栓拧紧力矩达到技术要求，开口销完全撬开			
	3	导轨架安装垂直度满足要求			
	4	结构件无变形、开焊、裂纹			
	5	对重导轨符合使用说明书要求			
传动系统	6	钢丝绳规格正确，未达到报废标准			
	7	钢丝绳固定和编结符合标准要求			
	8	各部位滑轮转动灵活、可靠，无卡阻现象			

检查项目	序号	内容和要求	检查结果	备注
传动系统	9	齿条、齿轮、曳引轮符合标准要求、保险装置可靠		
	10	各机构转动平稳、无异常响声		
	11	各润滑点润滑良好、润滑油牌号正确		
	12	制动器、离合器动作灵活可靠		
电气系统	13	供电系统正常，额定电压值偏差 ≤ ±5%		
	14	接触器、继电器接触良好		
	15	仪表、照明、报警系统完好可靠		
	16	控制、操纵装置动作灵活、可靠		
	17	各种电气安全保护装置齐全、可靠		
	18	电气系统对导轨架的绝缘电阻应 ≥ 0.5MΩ		
	19	接地电阻应 ≤ 4Ω		
安全系统	20	防坠安全器在有效标定期限内		
	21	防坠安全器灵敏可靠		
	22	超载保护装置灵敏可靠		
	23	上、下限位开关灵敏可靠		
	24	上、下极限开关灵敏可靠		
	25	急停开关灵敏可靠		
	26	安全钩完好		
	27	额定载重量标牌牢固清晰		
	28	地面防护围栏门、吊笼门机电联锁灵敏可靠		

检查项目	序号	内容和要求		检查结果	备注
试运行	29	空载	双吊笼施工升降机应分别对两个吊笼进行试运行。试运行中吊笼应启动、制动正常，运行平稳，无异常现象		
	30	额定载重量			
	31	125%额定载重量			
坠落试验	32	吊笼制动后，结构及连接件应无任何损坏或永久变形，且制动距离应符合要求			

验收结论：

总承包单位（盖章）：   验收日期：   年   月   日

总承包单位		参加人员签字	
使用单位		参加人员签字	
安装单位		参加人员签字	
监理单位		参加人员签字	
租赁单位		参加人员签字	

注：1. 新安装的施工升降机及在用的施工升降机应至少每3个月进行一次额定载重量的坠落试验；新安装及大修后的施工升降机应作125%额定载重量试运行；

2. 对不符合要求的项目应在备注栏具体说明，对要求量化的参数应填实测值。

10.4 施工升降机的拆卸

10.4.1 拆卸前的检查

（1）拆卸前应对施工升降机的关键部件进行检查，当发现问题时，应在问题解决后方能进行拆卸作业。

（2）检查要拆卸的施工升降机基础部位及附着装置。

（3）检查各机构的运行情况。

（4）检查拆卸现场周边环境，确保作业场地路面平整、坚实，不得有任何障碍物。

10.4.2 拆卸作业程序

施工升降机的拆卸程序是安装程序的逆程序，一般按照以下的步骤进行。

（1）将操作盒置于吊笼顶部。

注：对有驾驶室的施工升降机，须将加节按钮盒接线插头插至驾驶室操作箱的相应插座上，并将操纵箱上的控制旋钮旋至"加节"位置，再将加节按钮盒置于吊笼顶部。对无驾驶室的施工升降机，须将吊笼内的操作盒移至吊笼顶部。

（2）在吊笼顶部安装好吊杆。

（3）使吊笼提升到导轨架顶部，拆卸上极限开关碰铁和上限位开关碰铁。

（4）拆除对重的缓冲弹簧，并在对重下垫上足够高度的枕木。

（5）使吊笼缓缓上升适当距离，让对重平稳地停在所垫的枕木上，使钢丝绳卸载。

（6）从对重和偏心绳具上卸下钢丝绳，用吊笼顶的钢丝绳盘收起所有的钢丝绳。

（7）拆卸天轮架。

（8）拆卸导轨架、附墙架，同时拆卸电缆导向装置。

（9）保留三节导轨架（标准节）组成的最下部导轨架，然后拆除吊杆，吊笼停至缓冲弹簧上。

（10）切断地面电源箱的总电源，拆卸连接至吊笼的电缆。

（11）将吊笼吊离导轨架。

（12）拆卸缓冲弹簧。

（13）将对重吊离导轨架。

（14）拆卸围栏。

10.4.3 拆卸作业注意事项

（1）施工升降机拆卸作业应符合拆卸工程专项施工方案的要求。

（2）应在拆卸场地周围设置警戒线和醒目的安全警示标志，并派专人监护。拆卸施工升降机时，不得在拆卸作业区域内进行与拆卸无关的其他作业。

（3）夜间不得进行施工升降机的拆卸作业。

（4）拆卸附墙架时施工升降机导轨架的自由端高度应始终满足使用说明书的要求。

（5）应确保与基础相连的导轨架在最后一个附墙架拆除后，仍能保持各方向的稳定性。

（6）施工升降机拆卸应连续作业。当拆卸作业不能连续完成时，应根据拆卸状态采取相应的安全措施。

（7）吊笼未拆除之前，非拆卸作业人员不得在地面防护围栏内、施工升降机运行通道内、导轨架内以及附墙架上等区域活动。

（8）拆卸导轨架时，要确保吊笼最高导向滚轮的位置始终处于被拆卸的导轨架接头之下，且吊具和安装吊杆都已到位，然后才能卸去连接螺栓。

（9）拆卸导轨架，先将导轨架连接螺栓拆下，然后用吊杆将导轨架放至吊笼顶部，吊笼落到底层卸下导轨架。注意吊笼顶部的导轨架（标准节）不得超过 3 节。

（10）拆卸工作完成后，拆卸下的螺栓、销轴、开口销应分类存放，保管妥当。施工场地上作业时所用的索具、工具、辅助用具和各种零配件和杂物等应及时清理。

第11章 施工升降机维护保养与常见故障的排除方法

11.1 施工升降机维护保养

在机械设备投入使用后，对设备的检查、清洁、润滑、防腐以及对部件的调试、紧固和位置、间隙的调整等工作，统称为设备的维护保养。

11.1.1 维护保养的意义

为了使施工升降机经常处于完好状态和安全运转状态，避免和消除在运转工作中可能出现的故障，提高施工升降机的使用寿命，必须及时正确地做好维护保养工作。

（1）施工升降机工作状态中，经常遭受风吹雨打、日晒的侵蚀，灰尘、砂土的侵入和沉积，如不及时清除和保养，将会加快机械的锈蚀、磨损，使其寿命缩短。

（2）在机械运转过程中，各工作机构润滑部位的润滑油及润滑脂会自然损耗，如不及时补充，将会加重机械的磨损。

（3）机械经过一段时间的使用后，各运转机件会自然磨损，零部件间的配合间隙会发生变化，如果不及时进行保养和调整，磨损就会加快，甚至导致完全损坏。

（4）机械在运转过程中，如果各工作机构的运转情况不正常，又得不到及时的保养和调整，将会导致工作机构完全损坏，大大降低施工升降机的使用寿命。

11.1.2 维护保养的分类和方法

1. 维护保养的分类

施工升降机的维护保养可以分为日常维护保养、定期维护保养和特殊维护保养三种。

（1）日常维护保养

日常维护保养，又称为例行保养，是指在设备运行的前、后和运行过程中的保养作业。日常维护保养由设备操作人员进行。

（2）定期维护保养

定期维护保养包括月度、季度及年度的维护保养，以专业维修人员为主，设备操作人员配合进行。

（3）特殊维护保养

特殊维护保养是指除日常维护保养和定期维护保养外，在转场、闲置等特殊情况下还需进行的维护保养。

1）转场保养。在施工升降机转移到新工地安装使用前，需进行一次全面的维护保养，保证施工升降机状况完好，确保安装、使用安全。

2）闲置保养。施工升降机在停放或封存期内，至少每月进行一次保养，重点是清洁和防腐，由专业维修人员进行。

2. 维护保养的方法

维护保养一般采用"清洁、紧固、调整、润滑、防腐"等方法，通常简称为"十字作业"法。

（1）清洁

清洁是指对机械各部位的油泥、污垢、尘土等进行清除等工作。目的是为了减少部件的锈蚀、运动零件的磨损、保持良好的散热和为检查提供良好的观察效果等。

（2）紧固

紧固是指对连接件进行检查紧固等工作。机械运转中产生的振动，容易使连接件松动，如不及时紧固，不仅可能产生漏油、漏电等。有些关键部位的连接松动，轻者导致零件变形，重者会出现零件断裂、分离，甚至导致机械事故。

（3）调整

调整是指对机械零部件的间隙、行程、角度、压力、松紧、速度等及时进行检查调整，以保证机械的正常运行。尤其是要对制动器、减速机等关键机构进行适当调整，确保其灵活可靠。

（4）润滑

润滑是指按照规定和要求，选用并定期加注或更换润滑油，以保持机械运动零件间的良好运动，减少零件磨损。

（5）防腐

防腐是指对机械设备和部件进行防潮、防锈、防酸等处理，防止机械零部件和电气设备被腐蚀损坏。最常见的防腐保养是对机械外表进行补漆或涂上油脂等防腐涂料。

11.1.3　维护保养安全注意事项

在进行施工升降机的维护保养和维修时，应注意以下事项：

（1）应切断施工升降机的电源，拉下吊笼内的极限开关，防止吊笼被意外启动或发生触电事故。

（2）在维护保养和维修过程中，不得承载无关人员或装载物料，同时悬挂检修停用警示牌，禁止无关人员进入检修区域内。

（3）所用的照明行灯必须采用 36V 以下的安全电压，并检查行灯导线、防护罩，确保照明灯具使用安全。

（4）应设置监护人员，随时注意维修现场的工作状况，防止安全事故发生。

（5）检查基础或吊笼底部时，应首先检查制动器是否可靠，同时切断电动机电源。采取将吊笼用木方支起等措施，防止吊笼或对重突然下降伤害维修人员。

（6）维护保养和维修人员必须戴安全帽；高处作业时，应穿防滑鞋，系安全带。

（7）维护保养后的施工升降机，应进行试运转，确认一切正常后，方可投入使用。

11.1.4 维护保养内容

施工升降机维护保养的内容为:

1. 日常维护保养的内容

每班开始工作前,应当进行检查和维护保养,包括目测检查和功能测试,有严重情况的应当报告有关人员进行停用、维修,检查和维护保养情况应当及时记入交接班记录。检查一般应包括以下内容:

(1)电气系统与安全装置

1)检查线路电压是否符合额定值及其偏差范围;

2)机件有无漏电;

3)限位装置及机械电气联锁装置工作是否正常、灵敏可靠。

(2)制动器

检查制动器性能是否良好,能否可靠制动。

(3)标牌

检查机器上所有标牌是否清晰、完整。

(4)金属结构

1)检查施工升降机金属结构的焊接点有无脱焊及开裂;

2)附墙架固定是否牢靠;

3)停层通道是否平整通畅;

4)防护栏杆是否齐全;

5)各部件连接螺栓有无松动。

(5)导向滚轮装置

1)检查侧滚轮、背轮、上下滚轮部件的定位螺钉和紧固螺栓有无松动;

2)滚轮是否能转动灵活,与导轨的间隙是否符合规定值。

(6)对重及其悬挂钢丝绳

1)检查对重运行区内有无障碍物,对重导轨及其防护装置是否正常完好;

2)钢丝绳有无损坏,其连接点是否牢固可靠。

(7)地面防护围栏和吊笼

1）检查围栏门和吊笼门是否启闭自如；

2）通道区有无其他杂物堆放；

3）吊笼运行区间有无障碍物，笼内是否保持清洁。

（8）电缆和电缆引导器

1）检查电缆是否完好无破损；

2）电缆引导器是否可靠有效。

（9）传动、变速机构

1）检查各传动、变速机构有无异响；

2）蜗轮箱油位是否正常，有无渗漏现象。

（10）润滑系统有无泄漏

检查润滑系统有无漏油、渗油现象。

2. 月度维护保养的内容

月度维护保养除按日常维护保养的内容和要求进行外，还要按照以下内容和要求进行。

（1）导向滚轮装置

检查滚轮轴支承架紧固螺栓是否可靠紧固。

（2）对重及其悬挂钢丝绳

1）检查对重导向滚轮的紧固情况是否良好；

2）天轮装置工作是否正常可靠；

3）钢丝绳有无严重磨损和断丝。

（3）电缆和电缆导向装置

1）检查电缆支承臂和电缆导向装置之间的相对位置是否正确；

2）导向装置弹簧功能是否正常；

3）电缆有无扭曲、破坏。

（4）传动、减速机构

1）检查机械传动装置安装紧固螺栓有无松动，特别是提升齿轮副的紧固螺钉有否松动；

2）电动机散热片是否清洁，散热功能是否良好；

3）减速器箱内油位有否降低。

（5）制动器

检查试验制动器的制动力矩是否符合要求。

（6）电气系统与安全装置

1）检查吊笼门与围栏门的电气机械联锁装置，上、下限位装置，吊笼单行门、双行门联锁等装置性能是否良好；

2）导轨架上的限位挡铁位置是否正确。

（7）金属结构

1）重点查看导轨架标准节之间的连接螺栓是否牢固；

2）附墙结构是否稳固，螺栓有无松动，表面防护是否良好，有无脱漆和锈蚀，构架有无变形。

3. 季度维护保养的内容

季度维护保养除按月度维护保养的内容和要求进行外，还要按照以下内容和要求进行。

（1）导向滚轮装置

1）检查导向滚轮的磨损情况；

2）确认滚珠轴承是否良好，是否有严重磨损，调整与导轨之间的间隙。

（2）检查齿条及齿轮的磨损情况

1）检查提升齿轮副的磨损情况，检测其磨损量是否大于规定的最大允许值；

2）用塞尺检查蜗轮减速器的蜗轮磨损情况，检测其磨损量是否大于规定的最大允许值。

（3）电气系统与安全装置

在额定负载下进行坠落试验，检测防坠安全器的性能是否可靠。

4. 年度维护保养的内容

年度维护保养应全面检查各零部件，除按季度维护保养的内容和要求进行外，还要按照以下内容和要求进行：

（1）传动、减速机构

检查驱动电机和蜗轮减速器、联轴器结合是否良好，传动是否安全可靠。

（2）对重及其悬挂钢丝绳

检查悬挂对重的天轮装置是否牢固可靠，天轮轴承磨损程度，必要时应予调换轴承。

（3）电气系统与安全装置

复核防坠安全器的出厂日期，对超过标定年限的，应通过具有相应资质检测机构进行重新标定，合格后方可使用。此外，在进入新的施工现场使用前应按规定进行坠落试验。

11.1.5 施工升降机的润滑

施工升降机在新机安装后，应当按照产品说明书要求进行润滑，说明书没有明确规定的，使用满40h应清洗并更换蜗轮减速箱内的润滑油，以后每隔半年更换一次。蜗轮减速箱的润滑油应按照铭牌上的标注进行润滑。对于其他零部件的润滑，当生产厂无特殊要求时，可参照以下说明进行：

（1）SC型施工升降机主要零部件的润滑周期、部位和润滑方法，见表11-1。

SC型施工升降机主要零部件润滑表　　　　　表11-1

周期	润滑部位	润滑剂	润滑方法
每月	减速箱	N320蜗轮润滑油	检查油位，不足时加注
	齿条	2号钙基润滑脂	上润滑脂时升降机降下并停止使用2～3h，使润滑脂凝结
	防坠安全器	2号钙基润滑脂	油嘴加注
	对重绳轮	钙基脂	加注
	导轨架导轨	钙基脂	刷涂
	门滑道、门对重滑道	钙基脂	刷涂
	对重导向轮、滑道	钙基脂	刷涂
	滚轮	2号钙基润滑脂	油嘴加注
	背轮	2号钙基润滑脂	油嘴加注
	门导轮	20号齿轮油	滴注

周期	润滑部位	润滑剂	润滑方法
每季度	电机制动器锥套	20 号齿轮油	滴注,切勿滴到摩擦盘上
	钢丝绳	沥青润滑脂	刷涂
	天轮	钙基脂	油嘴加注
每年	减速箱	N320 蜗轮润滑油	清洗、换油

（2）SS 型施工升降机主要零部件的润滑周期、部位和润滑方法，见表 11-2。

SS 型施工升降机主要零部件润滑表　　　表 11-2

周期	润滑部位	润滑剂	润滑方法
每周	滚轮	润滑脂	涂抹
	导轨架导轨	润滑脂	涂抹
每月	减速箱	30 号机油（夏季） 20 号机油（冬季）	检查油位，不足时加注
	轴承	ZC—4 润滑脂	加注
	钢丝绳	润滑脂	涂抹
每年	减速箱	30 号机油（夏季） 20 号机油（冬季）	清洗，更换
	轴承	ZC—4 润滑脂	清洗，更换

11.2 施工升降机常见故障和排除方法

施工升降机在使用过程中发生故障的原因有很多，主要是因为工作环境恶劣、维护保养不及时、操作人员违章作业和零部件的自然磨损等多方面原因。施工升降机发生异常时，操作人员应立即停止作业，及时向有关人员报告，以便及时消除隐患，恢复正常工作。

施工升降机常见的故障一般分为电气故障和机械故障两种。

11.2.1 施工升降机常见电气故障和排除方法

由于电气元器件、电气设备和电源系统等引起的故障，造成电气系统不能正常运行，统称为电气故障。有的电气故障比较直观，很容易判断；有的比较隐蔽，一般要求维修人员在诊断前应当熟悉设备电气原理图，了解电气元器件的结构与功能，并按电气故障的具体状况采取措施逐一进行排查。

（1）SC 型施工升降机常见电气故障现象、故障原因及排除方法见表 11-3。

SC 型施工升降机常见电气系统及故障排除方法　　表 11-3

序号	故障现象	故障原因	故障诊断与排除
1	总电源开关合闸即跳	电路内部损伤、短路或相线对地短接	找出电路短路或接地的位置，修复或更换
2	断路器跳闸	（1）电缆、限位开关损坏 （2）电路短路或对地短接 （3）断路器参数不符合要求或损坏	（1）更换损坏电缆、限位开关 （2）更换断路器
3	施工升降机突然停机或不能启动	（1）停机电路及限位开关被启动 （2）断路器启动	（1）释放"紧急按钮" （2）恢复热继电器功能 （3）恢复其他安全装置
4	启动后吊笼不运行	联锁电路开路（参见电气原理图）	（1）关闭门或释放"紧急按钮"； （2）查 200V 联锁控制电路
5	电源正常，主接触器不吸合	（1）有个别限位开关没复位 （2）相序接错 （3）元件损坏或线路开路断路	（1）复位限位开关 （2）相序重新连接 （3）更换元件或修复线路

序号	故障现象	故障原因	故障诊断与排除
6	电机启动困难，电机闷响	（1）设备离电源距离太远，电缆截面过小，造成电压损失过大 （2）电源质量不行，电压过低或缺相 （3）超载 （4）电机制动器未完全打开，阻碍启动	（1）缩短电源距离或增加电缆截面面积 （2）改善电源质量，防止缺相运行 （3）减轻载荷 （4）重新调整制动器刹车片间隙
7	电机启动困难，并有异常响声	（1）电机制动器未打开或无直流电压（整流元件损坏） （2）严重超载 （3）供电电压远低于380V （4）缓冲块老化损坏	（1）恢复制动器功能（调整工作间隙）或恢复直流电压（更换整流元件） （2）减少吊笼载荷 （3）待供电电压恢复至380V再工作 （4）更换缓冲块
8	吊笼下滑	（1）超载 （2）制动器太松 （3）电压过低	（1）减轻载荷 （2）重新调整制动器 （3）改善电源质量
9	吊笼冲顶或蹲底	（1）上、下限位失灵 （2）极限开关失灵	（1）重新调整上、下限位碰杆或更换限位开关 （2）重新调整极限开关碰杆或更换限位开关
10	吊笼不能运行，变频器操作面板有异常显示	（1）变频器故障 （2）外部故障造成变频器保护	（1）联系厂家维修 （2）按下变频器面板上的RESET键进行复位
11	供电电源及控制电路正常，电机不工作	（1）电缆断股 （2）电机内一组线圈烧坏	（1）检修电缆，可靠连接 （2）检修电机
12	运行时，上、下限位开关失灵	（1）上、下限位开关损坏 （2）上、下限位碰块移位	（1）更换上、下限位开关 （2）恢复上、下限位碰块位置

序号	故障现象	故障原因	故障诊断与排除
13	操作时，动作不稳定	（1）线路接触不好或端子接线松动 （2）接触器粘连或复位受阻	（1）恢复线路接触性能，紧固端子接线 （2）恢复或更换接触器
14	吊笼停机后，可重新启动，但随后再次停机	（1）控制装置（按钮、手柄）接触不良、松弛 （2）相序继电器松动 （3）门限位开关与挡板错位	（1）修复或更换控制装置（按钮、手柄） （2）紧固相序继电器 （3）复门限位开关挡板位置
15	吊笼上、下运行时有自停现象	（1）上、下限位开关接触不良或损坏 （2）严重超载 （3）控制装置（按钮、手柄）接触不良或损坏	（1）修复或更换上、下限位开关 （2）减少吊笼载荷 （3）修复或更换控制装置（按钮、手柄）
16	接触器易烧毁	供电电源压降太大，启动电流过大	（1）缩短供电电源与施工升降机的距离 （2）加大供电电缆截面
17	电机过热	（1）制动器工作不同步 （2）长时间超载运行 （3）启、制动过于频繁 （4）供电电压过低	（1）调整或更换制动器 （2）减少吊笼载荷 （3）对运行适当调整 （4）调整供电电压
18	运行没高速（变频调速施工升降机）	（1）检查减速限位开关是否回位 （2）检查主令手柄接线	（1）调整或更换减速限位开关 （2）确认主令手柄接线
19	漏电保护开关动作频繁，单级开关跳闸	（1）电器绝缘性不良 （2）电路短路或漏电 （3）动作电流过低	（1）检查各电器接地电阻，修理或更换 （2）检修电路 （3）调整动作电流或更换

（2）变频器常见故障及排除方法

当发生故障时，变频器故障保护继电器动作，变频器检测出故障事项，并在数字操作器上显示该故障内容，以某型号变频调速升降机变频器故障分析为例，实际请根据产品使用说明对照相应内容和处置方法进行检查维修。

1）变频器具有完善保护功能，自身不易出现故障。变频调速升降机电气故障90%是外围系统引起，故检修变频调速升降机电气故障时，首先检查外围电路，检查方法与普通升降机相同。

2）若变频调速升降机能向上正常运行，但向下运行1～2s即故障（故障指示灯点亮）、变频器的数字式操作器显示"OV"（过电压）故障字样，则应：

① 切断总电源；

② 检查制动电阻器是否断路、短路，连接线是否与金属外壳短路；

③ 排除上述②情况后，若故障仍然存在，则是变频器制动单元（Y4、Y5）损坏。请更换或维修该变频器制动单元。更换时，注意勿将变频器制动单元的输入线（由变频器接入的两根线）极性接反，极性接反将引起变频器损坏。

3）若变频器的操作器显示"OC"（过电流）故障字样，则请检查电动机有否短路情况（包括连接线）、载荷是否过大（故障排除后进行断电复位）。

4）若变频器的操作器显示"UV1"（主回路低电压）字样，则请检查电源输入端有否缺相、升降机使用中有否发生瞬间停电、输入电源的接线端是否松动、输入电源电压波动是或否太大（故障排除后进行断电复位）。

5）若变频器的操作器显示"GF"（接地）故障字样，则请检查电动机（包括连接线）有否与金属外壳发生短路（故障排除后应进行断电复位）。

6）若变频器的操作显示"OH"（过热）故障字样，则请检查变频器箱体上的冷却风扇及变频器自带的冷却风扇是否正常。

7）若变频器的操作器显示"LF"（输出缺相）故障字样，则请检查变频器输出至电动机的连接线是否有断路情况，并检查电动机是否缺相（电动机断相）故障。

8）若变频器的操作器显示"OL1"（电机过负载）故障字样，则请检查并修正负载大小、加/减速时间、周期时间、V/f特性，并确认电机的额定电流。

11.2.2 施工升降机常见机械故障和排除方法

由于机械零部件磨损、变形、断裂和润滑不良等原因造成机械系统不能正常运行，统称为机械故障。机械故障一般比较明显、直观，容易判断。SC 型施工升降机常见的机械故障和排除方法见表 11-4。

SC 型施工升降机常见机械故障及排除方法　　　表 11-4

序号	故障现象	故障原因	故障诊断与解决
1	吊笼运行时振动过大	（1）导向滚轮联结螺栓松动 （2）齿轮、齿条啮合间隙过大或缺少润滑 （3）导向滚轮与背轮间隙过大 （4）导向滚轮与标准节间缺少润滑	（1）紧固导向滚轮螺栓 （2）调整齿轮、齿条啮合间隙或添注润滑油（脂） （3）调整导向滚轮与背轮的间隙 （4）润滑导轨架（标准节与滚轮接触面）
2	吊笼启动或停止运行时有跳动	（1）电机制动力矩过大 （2）电机与减速箱联轴节内橡胶块损坏 （3）制动器间隙调整不当或动作时间调整不当	（1）重新调整电机制动力矩 （2）更换联轴节内橡胶块 （3）调整制动器间隙和动作时间
3	吊笼运行时有电机跳动现象	（1）电机固定装置松动 （2）电机橡胶垫损坏或失落 （3）减速箱与传动板连接螺栓松动	（1）紧固电机固定装置 （2）更换电机橡胶垫 （3）紧固减速器与传动板连接螺栓

序号	故障现象	故障原因	故障诊断与解决
4	吊笼运行时有跳动现象	（1）导轨架对接阶差过大 （2）齿条螺栓松动，对接阶差过大 （3）齿轮严重磨损 （4）标准节非原厂生产或标准节混装	（1）调整导轨架对接 （2）紧固齿条螺栓，调整对接阶差 （3）更换齿轮 （4）更换标准节
5	吊笼运行时有摆动现象	（1）导向滚轮连接螺栓松动 （2）支撑板螺栓松动 （3）滚轮调节过紧 （4）两边滚轮调节不一致 （5）齿轮间隙过小或过大	（1）紧固导向滚轮连接螺栓 （2）紧固支撑板螺栓
6	吊笼启、制动时振动过大	（1）电机制动力矩过大 （2）齿轮、齿条啮合间隙不当 （3）驱动板联接部位松动 （4）电机制动器动作不同步	（1）调整电机制动力矩 （2）调整齿轮、齿条啮合间隙 （3）拧紧联接螺栓，更换缓冲垫片 （4）调整制动器达到同步或清理制动器
7	吊笼制动时下滑距离过长	（1）电机制动力矩太小 （2）制动块（制动盘）严重磨损 （3）制动盘面被油污染 （4）瞬时超载	（1）调整电机制动力矩，适当拧紧电机尾部调节套 （2）更换制动块（制动盘）
8	减速机有异常的不稳定的运转噪声	（1）油已污染 （2）油量不足	（1）更换润滑油 （2）添加润滑油
9	减速机有异常的稳定的运转噪声	（1）轴承已坏 （2）转动零件损坏	（1）更换轴承 （2）更换传动零件
10	减速机输出轴不转，但电机转动	减速机轴键连接被破坏	更换轴或键

序号	故障现象	故障原因	故障诊断与解决
11	制动块磨损过快	（1）制动器止退轴承内润滑不良，不能同步工作 （2）供电电源压降太大，制动电压不够，制动器打不开	（1）润滑或更换轴承 （2）缩短供电电源与施工升降机的距离或加大供电电缆截面，提高工作（制动）电压
12	制动器噪声过大	（1）制动器止退轴承损坏 （2）制动器转动盘摆动 （3）制动器动、静钢板变形	（1）更换制动器止退轴承 （2）调整或更换制动器转动盘 （3）更换动、静钢板
13	减速箱蜗轮磨损过快	（1）润滑油品型号不正确或未按时更换 （2）蜗轮、蜗杆中心距偏移	（1）更换润滑油品 （2）调整蜗轮、蜗杆中心距
14	减速器漏油	减速器密封件损坏	（1）漏油轻微，打开放油螺塞，将油排出 （2）漏油严重，更换密封件
15	运行时异响	（1）滚轮、靠背轮轴承损坏 （2）防坠器异响	（1）更换轴承 （2）加注润滑油或送检测机构维修
16	滚轮卡阻，异响	（1）轴承损坏 （2）滚轮磨损超标	（1）更换轴承并保证润滑 （2）更换滚轮

第 12 章　施工升降机事故案例分析与应急处理

施工升降机由于其拆装技术要求高、使用频繁等特点，再加上露天作业，作业环境相对比较恶劣，生产、租赁和安装企业门槛低，从事拆装作业人员的技术水平和素质参差不齐，导致近年来施工升降机事故频发。本章选取了近年来发生的比较典型的施工升降机事故，对这类型事故特点、发生原因进行归纳分析，并提出相应预防措施，同时对施工升降机常见几种紧急情况提出了应急处理方法。

12.1　施工升降机事故案例分析

12.1.1　施工升降机吊笼冲顶坠落事故案例

2008 年 11 月 20 日下午，某施工项目部在未安装调试到位的情况下启用施工升降机，发生一起施工升降机吊笼坠落事故，造成 3 人死亡。

该工程包括地下 1 层、地上 20 层，为现浇框筒结构，建筑面积 3.6 万 ㎡，事故发生时已完成 9 层结构施工。2008 年 11 月 20 日下午，该工程发生一起施工升降机吊笼坠落事故，死亡 3 人，这是一起典型的人为责任事故。

1. 事故经过

因施工需要，该工程项目部向某建筑机械租赁公司租赁了一台 SCD200/200A 型施工升降机，由具有安装资质的租赁公司（下称安装单位）进行安装。因时间紧迫，安装单位在尚未制订安装方案，也未向工人进行安全技术交底情况下，就派出无证的安装工人到场安装，并约请生产厂家派出技术人员到场指导安装工作。至 2008 年 11 月 15 日，该施工升降机导轨架安装到 28.8m 高度，并在建筑结构 2 层、5 层楼板面分别设置两道附着装置，但吊笼安全钩未固定，上行程限位和上极限限位撞块（开关板）、天轮架、天轮、对重均未安装，安装单位未对施工升降机进行全面检查，亦未办理验收手续，即于 11 月 16 日向工程项目部出具了工作联系单，告知"安装验收完毕，交付项目使用，并于即日起开始收取租赁费"。11 月 20 日下午 6 时，由无证的女司机开动该施工升降机的一个吊笼，载 2 名工人驶向 9 楼，吊笼运行超出导轨架顶后从高空倾翻坠落，吊笼内 3 人当场死亡。

2. 事故原因分析

（1）使用时施工升降机上行程限位和上极限限位撞块均未安装，使上行程限位和上极限限位功能失效。

（2）安装单位未制订施工升降机安装方案和安全技术措施、未进行安全技术交底、未落实严格的安装验收手续，在尚未安装结束情况下就交付使用。

（3）安装单位安排无证人员安装设备。

（4）设备使用单位未履行施工升降机安装后交接验收手续，就启用施工升降机。

（5）监理单位对尚未安装结束的施工升降机违规投入使用的行为未进行制止。

（6）设备使用单位安排无证人员担任施工升降机司机。

（7）施工升降机司机无证上岗违章操作；安装人员无证从事施工升降机安装。

3. 事故预防和教训

（1）设备安装、使用单位内部管理混乱，企业领导安全意识淡薄，不遵守有关安全的法律法规，导致事故发生。

1）安装单位未制定详细的施工升降机安装方案、安全技术措施和验收方案，也未进行安全技术交底，安排无证人员安装起重机械，导致上行程限位撞块、上极限限位撞块、天轮架、天轮、对重均未安装，安全钩又未固定；设备安装后也未进行必要的检查、试验和验收，就将设备交付给使用单位，并出具书面通知自称已安装验收完毕。安装单位的行为违反了《建设工程安全生产管理条例》第十七条"施工起重机械……安装完毕后，安装单位应当自检，出具自检合格证明，并向施工单位进行安全使用说明，办理验收手续并签字"的规定。

2）设备使用单位（工程施工总承包单位）未组织出租单位、安装单位、工程监理等单位共同进行验收即启用设备，违反了《建设工程安全生产管理条例》第三十五条"施工单位在使用施工起重机械……前，应当组织有关单位进行验收"的规定。

3）设备使用单位安排无证人员操作施工升降机，违反了《建筑起重机械安全监督管理规定》（建设部令第 166 号）第二十五条"建筑起重机械安装拆卸工、起重信号工、起重司机、司索工等特种作业人员应当经建设主管部门考核合格，并取得特种作业操作资格证后，方可上岗作业"的规定。

（2）设备生产厂家未能全面履行合同：

施工升降机是使用单位租赁的新设备，按合同规定，该设备第一次安装时厂家派出技术人员有义务到现场进行技术指导，直至全面检查、调试、验收合格后方可离开现场。但该厂技术人员在设备尚未安装结束，设备未进行试运转、验收合格后就匆匆离开现场，生产厂家存在失职行为。

12.1.2 湖南省长沙市某工地施工升降机坠落事故

1. 事故简介

2008 年 12 月 27 日 7 时 30 分，长沙市某住宅小区二期建设工程发生一起施工升降机吊笼坠落的起重伤害事故，造成 18 人死亡，1 人受伤，直接经济损失 686.2 万元。

2. 事故经过

2008 年 12 月 26 日 22 时，作业人员对 19 号楼的施工升降机进行了顶升并加附着。施工结束后，当晚操作施工升降机将吊笼上下试运行几次，当时只发现电缆没有像以往正常回位到电缆篮内，没有发现其他问题。12月27日5时开始，司机操作施工升降机的左吊笼，两次运砂浆至22层，然后将8人分别运至22层（6人）和29层（2人），接着又运送18名民工到29层。当吊笼上升至85.5m时，施工升降机标准节在85.5m处突然发生折断，左吊笼和85.5m以上6个标准节一同坠落，造成18人死亡，1人受伤。事故现场状况见图12-1和图12-2。

图 12-1　事故现场状况（一）　　图 12-2　事故现场状况（二）

3. 事故原因分析

（1）直接原因

1）标准节没有上好连接螺栓，没有按规定加附着。技术鉴定专家从事故现场取证照片、材质化验、力学分析、工况计算证实，第57个与第58个标准节的左吊笼侧的两个连接螺栓，一个正常，另一个螺杆没带螺帽；右吊笼侧的两个连接螺栓都没带螺帽。第13个附着以上的自由端高度为12.75m，超过使用说明书中要求≤7.5m的规定。

2）12月26日施工升降机导轨架增加附着后，19号楼项目部没有组织验收就投入使用。当左吊笼通过没有上好的连接螺栓的位置后，自身重力和19名乘员的重力产生的偏心力矩大于标准节的稳定力矩，导致事故发生。

（2）间接原因

1）设备租赁公司方面的原因。一是违规租赁，将没有首次出租备案的施工升降机出租，在签订租赁合同中没有依法明确租赁双方的安全责任，没有建立出租施工升降机的安全档案。二是违法安装，没有安装资质的队伍违法承接安装业务；违法私刻安装公司公章并以该公司及有关人员的名义制定此台施工升降机的安装、拆除方案，出示安装验收报告等。三是作为施工升降机使用单位之一，增加附着后没有按《建筑起重机械安全监督管理规定》的规定组织验收就移交司机使用。

2）19号楼项目部方面的原因。一是以包代管，将安装、维修、拆除服务及操作人员全部包给其他公司。二是不依法履行安全职责，没有及时制止和纠正安装人员、操作司机无特种作业资格证上岗的违法行为：12月26日施工升降机顶升过程中无专职设备管理人员、无专职安全生产管理人员现场监督，没有及时消除故障和事故隐患。三是作为施工升降机使用单位之一，违法使用未经首次出租备案、未经使用登记的施工升降机，施工升降机加附着后没有依法组织出租、安装、监理等有关单位验收，也没有委托具有相应资质的检验检测机构验收就投入使用。

3）建设单位方面的原因。一是安全检查评比中没有执行建设部颁布的标准，没有对操作司机资质、拆装队伍资质、附着等方面进行检查。二是在组织的安全检查中没有发现、消除19号楼施工升降机存在的安全隐患，没有对照《建筑起重机械安全监督管理规定》（建设部令第166号）要求检查、纠正各有关单位在19号楼施工升降机中存在的违法行为。

4）施工单位方面的原因。一是公司指挥部没有按公司的规定认真把好租赁设备的资料备案审查关和安全管理关，导致19号楼安装、使用的施工升降机未经首次出租备案、未使用登记就安装使用。二是对指挥部和 19 号楼项目部管理不到位，没有及时发现、制止和纠正施工升降机顶升、使用中存在的违法行为。三是安装、增加附着后没有依照建设部的规定组织验收。

5）监理公司方面的原因。一是资料审核中没有发现出租的施工升降机未经备案。二是没有对未经使用登记的施工升降机以及施工升降机没有进行经常性和定期的检查、维护和保养记录等提出监理意见。三是对施工升降机加附着后未经验收就投入使用没有提出监理意见。

6）建筑安全监督站方面的原因。一是没有发现并纠正 19 号楼建设工地使用未经备案、未经使用登记的施工升降机；且施工升降机加附着后未经验收就投入使用的违法行为。二是没有及时依法查处无资质的安装单位、无资质的安装人员、无资质的操作司机等违法行为。

7）建委方面的原因。没有按照《建筑起重机械安全监督管理规定》（建设部令第 166 号）的规定落实好施工升降机到建设行政主管部门进行备案和使用登记的要求，导致 2008 年 8 月生产、9 月份首次安装在 19 号楼建设工地的施工升降机未经备案和使用登记一直在使用。没有及时指导、督促长沙市建筑安全监督站查处 19 号楼建设工地存在的违法租赁、安装、使用施工升降机等违法行为。

12.2　施工升降机常见紧急情况的应急处理

由于工地情况复杂，作为露天使用的施工升降机更容易受到周围突发因素和渐发因素的影响，所以施工升降机司机在操作吊笼上下行驶的时候，要时刻保持清醒与警惕。平时吊笼的启动、停止不要急忙、慌张，要养成一套按程序操作的习惯。当发生紧急情况时，一定要保持冷静并且作出相应的反应。下面介绍几种施工升降机常见紧急情况的应急处理方法。

12.2.1 吊笼运行时，工地突然断电的应急处理

在吊笼运行过程中，如果发生工地突然断电或其他意外导致吊笼停止在空中，大多数情况下将上不着天，下不着地——吊笼不处于任何一个层门处，此时司机可以根据情况决定是否采取手动紧急下降操作，如图12-3所示，使吊笼下滑到最近停层，从而使笼内人员和司机安全离开吊笼。

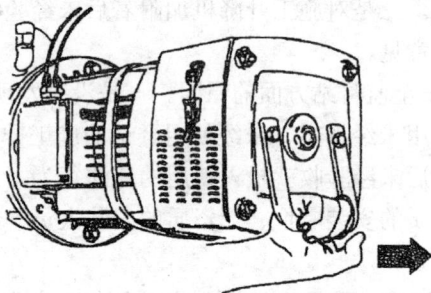

图 12-3　手动紧急下降操作

首先关闭吊笼电源开关，防止忽然来电。使用吊笼内小梯打开紧急逃生门上至笼顶处，将最上部电机释放手柄螺母拧紧，松开电机制动器，将电机尾部的手动释放手柄缓缓向外拉出，使吊笼慢慢下降。先拉一个电机，如不能下滑，则拉两个电机，吊笼将下降。注意：不要贪图省力，而使用垫块等物卡住手柄的回程。每下降10～20m后松手停止下降，待电机刹车片降温后（至少1min以上），再继续重复下降过程。当到达最近一个层门站时，必须先疏散吊笼内所有人员或卸去运载物件，然后再重复下降，直至地面。

司机进行手动紧急下降操作时，一定要认真仔细，若需要探头越过围栏观察下面情况的话，必须先停止下滑。全过程中还要注意下滑速度不要太快，不能超过防坠安全器的标定动作速度，否则吊笼里面的防坠安全器会发生动作，强迫使吊笼停止。

12.2.2 吊笼在高处停止时自行下滑的应急处理

高空处的吊笼在上了若干人员、装载了一些物料后忽然自己向下滑行，这种情况也可能发生在上行后停止在某层时，司机必须意识到下滑速度会越来越快，将演变成坠落。此时应保持冷静，迅速按下急停按钮。如果吊笼没有停止住仍旧向下滑行，则立即将急停按钮复位，按下"启动"按钮，再操纵"下行"按钮，开动吊笼向下正常运行，电动机如能正常工作，则一直开至地面。如果电动机没有反应，则人工已无法进行干预了，此时，防坠安全器将会在下坠速度超过规定速度后立即动作，强迫使吊笼停止。

造成吊笼自行下滑的原因是电动机的制动力矩太小，或者制动块、制动盘已经磨损过度，或制动盘面被油污染，以及超载。

虽然在下滑时，即使司机不采取任何措施，安全器也会制停吊笼，但从下滑开始至安全器动作仍有一小段时间，应争取在安全器动作之前尝试上述步骤以控制吊笼。而且安全器发生动作的话，会对吊笼笼体、背轮和导轨架产生一定冲击，有可能会发生其他意外。因此司机在下滑发生时，不能因为惊恐或相信安全器而不作反应、眼睁睁地任由吊笼下滑。

12.2.3 发现对重出轨的应急处理

对重出轨后可能会撞到附墙架等障碍物，造成钢丝绳断裂而发生高空坠落，砸中低位的吊笼或地面人员，因此必须采取应急措施。在安装有对重的吊笼上，司机在运行中发现对重脱出其运行的对重轨道时，应立即使吊笼停止，并通知另一吊笼也立即停止工作（同样，如果发现另一吊笼的对重出轨，自己也应立即停止工作，并通知另一吊笼立即停止工作），通过吊笼顶部紧急逃生门，疏散吊笼内司乘人员，然后由专业维修人员进行复位处理。复位时先检查对重钢丝绳、滑道和滑轮等零部件的状况，若有损坏则必须更换；若正常则可小心向上升起吊笼，将对重慢慢放回至地面，再把对重放回其对应滑道。对重复位后应仔细检查，确认吊笼、对重系统等部件正常后方可使用。

12.2.4　吊笼发生火灾的应急处理

当吊笼在运行中突然遇到电气设备或货物发生燃烧，司机应立即停止施工升降机的运行，及时切断电源，并用随机备用的灭火器来灭火。然后及时报告有关部门负责人，抢救伤员并疏散所有乘员。

使用灭火器时要注意，在电源没有切断之前，应用1211、干粉、二氧化碳等灭火器来灭火。待电源切断后，方可用酸碱、泡沫等灭火器来灭火。

附　　录

附录 A：建筑起重机械安装拆卸工（施工升降机）安全技术考核大纲（试行）

9.1 安全技术理论

9.1.1 安全生产基本知识

1 了解建筑安全生产法律法规和规章制度

2 熟悉有关特种作业人员的管理制度

3 掌握从业人员的权利义务和法律责任

4 掌握高处作业安全知识

5 掌握安全防护用品的使用

6 熟悉安全标志、安全色的基本知识

7 了解施工现场消防知识

8 了解现场急救知识

9 熟悉施工现场安全用电基本知识

9.1.2 专业基础知识

1 熟悉力学基本知识

2 了解电工基本知识

3 掌握机械基本知识

4 了解液压传动知识

5 了解钢结构基础知识

6 熟悉起重吊装基本知识

9.1.3 专业技术理论

1 了解施工升降机的分类、性能

2 熟悉施工升降机的基本技术参数

3 掌握施工升降机的基本构造和工作原理

4 熟悉施工升降机主要零部件的技术要求及报废标准

5 熟悉施工升降机安全保护装置的构造、工作原理

6 掌握施工升降机安全保护装置的调整（试）方法

7 掌握施工升降机的安装、拆除的程序、方法

8 掌握施工升降机安装、拆除的安全操作规程

9 掌握施工升降机主要零部件安装后的调整（试）

10 熟悉施工升降机维护保养要求

11 掌握施工升降机安装自检的内容和方法

12 了解施工升降机安装、拆卸常见事故原因及处置方法

9.2 安全操作技能

9.2.1 掌握施工升降机安装、拆卸前的检查和准备

9.2.2 掌握施工升降机的安装、拆卸工序和注意事项

9.2.3 掌握主要零部件的性能及可靠性的判定

9.2.4 掌握防坠安全器动作后的检查与复位处理方法

9.2.5 掌握常见故障的识别、判断

9.2.6 掌握紧急情况处置方法

附录B：建筑起重机械安装拆卸工（施工升降机）安全操作技能考核标准（试行）

9.1 施工升降机的安装和调试

9.1.1 考核设备和器具

1 导轨架底节、标准节（导轨架）6节、附着装置1套，吊笼1个；

2 辅助起重设备；

3 扳手1套、扭力扳手、安全器复位专用扳手、经纬仪、线柱小撬棒2根、道木4根、塞尺、计时器；

4 个人安全防护用品。

9.1.2 考核方法

每5位考生一组，在辅助起重设备的配合下，完成以下作业：

1 安装标准节（导轨架）和一道附着装置，并调整其垂直度；

2 安装吊笼，并对就位的吊笼进行手动上升操作，调整滚轮及背轮的间隙；

3 防坠安全器动作后的复位调整。

9.1.3 考核时间: 240 min。

具体可根据实际模拟情况调整。

9.1.4 考核评分标准

满分70分。考核评分标准见表9.1，考核得分即为每个人得分，各项目所扣分数总和不得超过该项应得分值。

施工升降机安装和调试考核评分标准　　　表 9.1

序号	项目	扣分标准	应得分值
1	架体、吊笼安装及垂直度的调整	螺栓紧固力矩未达标准的，每处扣 2 分	10
2		导轨架垂直度未达标准的，扣 10 分	10
3		未按照工艺流程安装的，扣 15 分	15
4	吊笼滚轮及背轮间隙的调整	滚轮间隙调整未达标准的，每处扣 4 分	4
5		背轮间隙调整未达标准的，每处扣 4 分	4
6		手动下降未达要求的，扣 2 分	2
7		未按照工艺流程操作的，扣 15 分	15
8	防坠安全器复位调整	复位前未对升降机进行检查的，扣 3 分	3
9		复位前未上升吊笼使离心块脱档的，扣 5 分	5
10		复位后指示销未与外壳端面平齐的，扣 2 分	2
合计			70

9.2 故障识别判断

9.2.1 考核器具

1 设置故障的施工升降机或图示、影像资料；
2 其他器具：计时器 1 个。

9.2.2 考核方法

由考生识别判断施工升降机或图示、影像资料设置的两个故障。

9.2.3 考核时间: 10 min。

9.2.4 考核评分标准

满分 10 分。在规定时间内正确识别判断的，每项得 5 分。

9.3 零部件判废

9.3.1 考核器具

1 施工升降机零部件实物或图示、影像资料（包括达到报废标准和有缺陷的）；

2 其他器具: 计时器 1 个。

9.3.2 考核方法

从施工升降机零部件实物或图示、影像资料中随机抽取 2 件（张），由考生判断其是否达到报废标准并说明原因。

9.3.3 考核时间: 10 min。

9.3.4 考核评分标准

满分 10 分。在规定时间内正确判断并说明原因的，每项得 5 分；判断正确但不能准确说明原因的，每项得 3 分。

9.4 紧急情况处置

9.4.1 考核器具

1 设置施工升降机电动机制动失灵、突然断电、对重出轨等紧急情况或图示、影像资料；

2 其他器具：计时器 1 个。

9.4.2 考核方法

由考生对施工升降机电动机制动失灵、突然断电、对重出轨等紧急情况或图示、影像资料中所示的紧急情况进行描述，并口述处置方法。对每个考生设置一种。

9.4.3 考核时间: 10 min。

9.4.4 考核评分标准

满分 10 分。在规定时间内对存在的问题描述正确并正确叙述处置方法的，得 10 分；对存在的问题描述正确，但未能正确叙述处置方法的，得 5 分。

附录 C：常用安全标志

禁止安全标志系列

禁止吸烟	禁止烟火	禁止用水灭火	禁止通行	禁止放易燃物
禁止带火种	禁止跳下	禁止攀登	禁止饮用	禁止架梯
禁止入内	禁止停留	禁止明火作业	禁止靠近	禁止吊篮乘人
禁止跨越	禁止触摸	禁止料罐乘人	禁止堆放	禁止合闸

禁止机动车通行	修理时禁止转动	运转时禁止加油	禁止启动	禁止抛物
禁止单扣吊装	禁止酒后上岗	禁止乱动消防器材	禁止混放	禁止攀牵线缆

警告安全标志系列

注意安全	当心火灾	当心爆炸	当心有害气体中毒	当心中毒
当心触电	当心落物	当心坠落	当心车辆	当心弧光
当心塌方	当心机械伤人	当心伤手	当心吊物	当心滑跌

当心扎脚　当心坑洞　当心电缆　当心碰头　当心绊倒

指令安全标志系列

必须保持清洁　必须戴安全帽　必须系安全带　必须穿防护鞋　必须戴防护手套

必须用防护装置　必须用防护屏　必须配戴防护眼镜　必须戴防尘口罩　必须穿防护服

必须戴防毒面具　必须戴防护耳器　必须桥上通过　必须加锁　必须戴防护帽

消防、提示安全标志系列

安全出口　紧急出口　安全通道　安全楼梯

避险处　可用明火区　击碎板面　↓太平门

灭火器　火警电话　地上消防栓　消防水带

灭火设备存放库　火情警报按钮　消防水泵接合器　地下消防栓

有电危险　禁止合闸有人工作　止步高压危险　机房重地闲人莫入

附录D：《起重机 钢丝绳 保养、维护、检验和报废》GB/T 5972—2016（摘录）

根据《起重机 钢丝绳 保养、维护、检验和报废》GB/T 5972—2016 国家标准的有关规定，钢丝绳报废标准如下：

1. 可见断丝

不同种类可见断丝的报废基准应符合附表 D-1 的规定：

报废基准　　　　　　　　　　　　　　　　**附表 D-1**

序号	可见断丝的种类	报废基准
1	断丝随机地分布在单层缠绕的钢丝绳经过一个或多个钢制滑轮的区段和进出卷筒的区段，或者多层缠绕的钢丝绳位于交叉重叠区域的区段 [a]	单层和平行捻密实钢丝绳见附表 D-2，阻旋转钢丝绳见附表 D-3
2	在不进出卷筒的钢丝绳区段出现的呈局部聚集状态的断丝	如果局部聚集集中在一个或两个相邻的绳股，即使 $6d$ 长度范围内的断丝数低于附表 D-2 和附表 D-3 的规定值，可能也要报废钢丝绳
3	股沟断丝 [b]	在一个钢丝绳捻距（大约为 $6d$ 的长度）内出现两个或更多断丝
4	绳端固定装置处的断丝	两个或更多断丝

对于单层股钢丝绳和平行捻密实钢丝绳中达到报废程度的最少可见断丝数见附表 D-2：

单层股钢丝绳和平行捻密实钢丝绳中达到
报废程度的最少可见断丝数　　　　附表 D-2

钢丝绳类别编号 RCN(参见附录 G)	外层股中承载钢丝的总数[a] n	可见外部断丝的数量[b]					
		在钢制滑轮上工作和／或单层缠绕在卷筒上的钢丝绳区段(钢丝断裂随机分布)				多层缠绕在卷筒上的钢丝绳区段[c]	
		工作级别 M1~M4 或未知级别[d]				所有工作级别	
		交互捻		同向捻		交互捻和同向捻	
		$6\,d^e$ 长度范围内	$30\,d^e$ 长度范围内	$6\,d^e$ 长度范围内	$30\,d^e$ 长度范围内	$6\,d^e$ 长度范围内	$30\,d^e$ 长度范围内
01	$n \leqslant 50$	2	4	1	2	4	8
02	$51 \leqslant n \leqslant 75$	3	6	2	3	6	12
03	$76 \leqslant n \leqslant 100$	4	8	2	4	8	16
04	$101 \leqslant n \leqslant 120$	5	10	2	5	10	20
05	$121 \leqslant n \leqslant 140$	6	11	3	6	12	22
06	$141 \leqslant n \leqslant 160$	6	13	3	6	12	26
07	$161 \leqslant n \leqslant 180$	7	14	4	7	14	28
08	$181 \leqslant n \leqslant 200$	8	16	4	8	16	32
09	$201 \leqslant n \leqslant 220$	9	18	4	9	18	36
10	$221 \leqslant n \leqslant 240$	10	19	5	10	20	38
11	$241 \leqslant n \leqslant 260$	10	21	5	10	20	42
12	$261 \leqslant n \leqslant 280$	11	22	6	11	22	44
13	$281 \leqslant n \leqslant 300$	12	24	6	12	24	48
	$n>300$	$0.04n$	$0.08n$	$0.02n$	$0.04n$	$0.08n$	$0.16n$

　　注：对于外股为西鲁式结构且每股的钢丝数≤ 19 的钢丝绳（例如 6×19 Seale），
　　　　在表中的取值位置为其"外层股中承载钢丝总数"所在行之上的第二行。

[a]　在本标准中，填充钢丝不作为承载钢丝，因而不包括在 n 值之中。

[b]　一根断丝有两个断头（按一根断丝计数）。

[c]　这些数值适用于交叉重叠区域和由于钢丝绳偏角影响的缠绕绳圈之间
　　干涉引起的劣化(不适用于只在滑轮上工作而不在卷筒上缠绕的区段)。

[d]　机构的工作级别为 M5~M8 时，断丝数可取表中数值的两倍。

[e]　d——钢丝绳公称直径。

对于阻旋转钢丝绳达到报废程度的最少可见断丝数见附表D-3：

阻旋转钢丝绳中达到报废程度的最少可见断丝数　附表 D-3

钢丝绳类别编号 RCN(参见附录 G)	钢丝绳外层股数和外层股中承载钢丝总数 ^{a} n	可见断丝数量 ^{b}			
		在钢制滑轮上工作和／或单层缠绕在卷筒上的钢丝绳区段		多层缠绕在卷筒上的钢丝绳区段 ^{c}	
		$6\,d^d$ 长度范围内	$30\,d^d$ 长度范围内	$6\,d^d$ 长度范围内	$30\,d^d$ 长度范围内
21	4 股 $n \leqslant 50$	2	4	2	4
22	3 股或 4 股 $n \geqslant 100$	2	4	4	8
	至少 11 个外层股				
23-1	$71 \leqslant n \leqslant 100$	2	4	4	8
23-2	$101 \leqslant n \leqslant 120$	3	5	5	10
23-3	$121 \leqslant n \leqslant 140$	3	5	6	11
24	$141 \leqslant n \leqslant 160$	3	6	6	13
25	$161 \leqslant n \leqslant 180$	4	7	7	14
26	$181 \leqslant n \leqslant 200$	4	8	8	16
27	$201 \leqslant n \leqslant 220$	4	9	9	18
28	$221 \leqslant n \leqslant 240$	5	10	10	19
29	$241 \leqslant n \leqslant 260$	5	10	10	21
30	$261 \leqslant n \leqslant 280$	6	11	11	22
31	$281 \leqslant n \leqslant 300$	6	12	12	24
	$n > 300$	6	12	12	24

注：对于外股为西鲁式结构且每股的钢丝数 $\leqslant 19$ 的钢丝绳（例如 18×19 Seale-WSC)，在表中的取值位置为其"外层股中承载钢丝总数"所在行之上的第二行。

^{a} 在本标准中，填充钢丝不作为承载钢丝，因而不包括在 n 值之中。

^{b} 一根断丝有两个断头（按一根断丝计数）。

^{c} 这些数值适用于交叉重叠区域和由于钢丝绳偏角影响的缠绕绳圈之间干涉引起的劣化（不适用于只在滑轮上工作而不在卷筒上缠绕的区段）。

^{d} d——钢丝绳公称直径。

2. 钢丝绳直径的减小

在卷筒上单层缠绕和经过钢制滑轮的钢丝绳区段，直径等值减小的报废基准见附表 D-4 中的粗体字。这些数值不适用于交叉重叠区域或其他由于多层缠绕导致类似变形的区段。

直径等值减小的报废基准——单层缠绕卷筒和钢制
滑轮上的钢丝绳   附表 D-4

钢丝绳类型	直径的等值减小量 Q(用公称直径的百分比表示)	严重程度分级	
		程度	%
纤维芯单层股钢丝绳	$Q < 6\%$	—	0
	$6\% \leqslant Q < 7\%$	轻度	20
	$7\% \leqslant Q < 8\%$	中度	40
	$8\% \leqslant Q < 9\%$	重度	60
	$9\% \leqslant Q < 10\%$	严重	80
	$Q \geqslant 10\%$	报废	100
钢芯单层股钢丝绳或平行捻密实钢丝绳	$Q < 3.5\%$	—	0
	$3.5\% \leqslant Q < 4.5\%$	轻度	20
	$4.5\% \leqslant Q < 5.5\%$	中度	40
	$5.5\% \leqslant Q < 6.5\%$	重度	60
	$6.5\% \leqslant Q < 7.5\%$	严重	80
	$Q \geqslant 7.5\%$	报废	100
阻旋转钢丝绳	$Q < 1\%$	—	0
	$1\% \leqslant Q < 2\%$	轻度	20
	$2\% \leqslant Q < 3\%$	中度	40
	$3\% \leqslant Q < 4\%$	重度	60
	$4\% \leqslant Q < 5\%$	严重	80
	$Q \geqslant 5\%$	报废	100

计算减小量的参考直径是钢丝绳的非工作区段在钢丝绳开始使用后立即测量的直径。

如果发现直径有明显的局部减小，如由绳芯或钢丝绳中心区损伤导致的直径局部减小，应报废该钢丝绳。

3. 断股

如果钢丝绳发生整股断裂，则应立即报废。

4. 腐蚀

报废基准和腐蚀严重程度分级见附表 D-5。

腐蚀报废基准和严重程度分级　　　　　　　　　附表 D-5

腐蚀类型	状态	严重程度分级
外部腐蚀 [a]	表面存在氧化迹象，但能够擦净 钢丝表面手感粗糙 钢丝表面重度凹痕以及钢丝松弛 [b]	浅表——0% 重度——60% [c] 报废——100%
内部腐蚀 [d]	内部腐蚀的明显可见迹象——腐蚀碎屑从外绳股之间的股沟溢出 [e]	报废——100% 或 如果主管人员认为可行，则按附录 C 所给的步骤进行内部检验
摩擦腐蚀	摩擦腐蚀过程为：干燥钢丝和绳股之间的持续摩擦产生钢质微粒的移动，然后是氧化，并产生形态为干粉（类似红铁粉）状的内部腐蚀碎屑	对此类迹象特征宜作进一步探查，若仍对其严重性存在怀疑，宜将钢丝绳报废 (100%)

注：内部腐蚀或摩擦腐蚀能够导致直径增大。

[a]　实例参见附图 D-11 和附图 D-12。钢丝绳外部腐蚀进程的实例，参见附录 H。

[b]　对其他中间状态，宜对其严重程度分级做出评估（即在综合影响中所起的作用）。

[c]　镀锌钢丝的氧化也会导致钢丝表面手感粗糙，但是总体状况可能不如非镀锌钢丝严重。在这种情况下，检验人员可以考虑将表中所给严重程度分级降低一级作为其在综合影响中所起的作用。

[d]　实例参见附图 D-19。

[e]　虽然对内部腐蚀的评估是主观的，但如果对内部腐蚀的严重程度有怀疑，就宜将钢丝绳报废。

评估腐蚀范围时，重要的是区分钢丝腐蚀和由于外来颗粒氧化而产生的钢丝绳表面腐蚀之间的差异。

在评估前，应将钢丝绳的拟检测区段擦净或刷净，但不宜使用溶剂清洗。

5. 畸形和损伤

钢丝绳失去正常形状而产生的可见形状畸变都属于畸形。畸形通常发生在局部，会导致畸形区域的钢丝绳内部应力分布不均匀。

畸形和损伤会以多种方式表现出来，主要表现方式有波浪形、笼状畸形、绳芯或绳股突出或扭曲、钢丝的环状突出、绳径局部增大、局部扁平、扭结、折弯、热和电弧引起的损伤等方式。

只要钢丝绳的自身状态被认为是危险的，就应立即报废。

附图 D-1~ 附图 D-19 展示了各种缺陷的典型实例。当钢丝绳出现附图的缺陷，应立即报废。

附图 D-1　钢丝突出

附图 D-2　绳芯挤出—单层股钢丝绳

附图 D-3　钢丝绳直径局部减小 (绳股凹陷)

附图 D-4　绳股突出或扭曲

附图 D-5　局部扁平

附图 D-6　扭结 (正向)

附图 D-7　扭结 (反向)

附图 D-8　波浪形

附图 D-9　笼状畸形

附图 D-10　外部磨损

附图 D-11　外部腐蚀

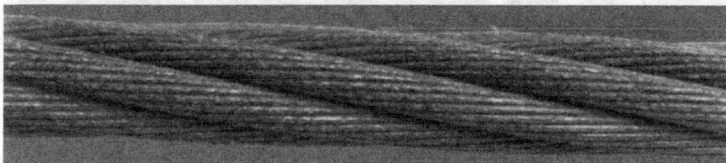

附图 D-12　外部腐蚀放大图

附图 D-13　股顶断丝

附图 D-14　谷沟断丝

附图 D-15　阻旋转钢丝绳内绳突出

附图 D-16　绳芯扭曲引起的钢丝绳局部增大

附图 D-17　扭结

附图 D-18　局部扁平

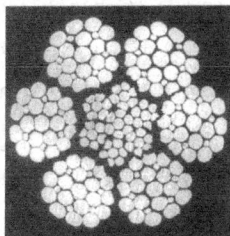

附图 D-19　内部腐蚀

附录 E:《建筑施工升降机安装、使用、拆卸安全技术规程》JGJ 215—2010（摘录）

3 基本规定

3.0.1　施工升降机安装单位应具备建设行政主管部门颁发的起重设备安装工程专业承包资质和建筑施工企业安全生产许可证。

3.0.2　施工升降机安装、拆卸项目应配备与承担项目相适应的专业安装作业人员以及专业安装技术人员。施工升降机的安装拆卸工、电工、司机等应具有建筑施工特种作业操作资格证书。

3.0.3　施工升降机使用单位应与安装单位签订施工升降机安装、拆卸合同，明确双方的安全生产责任。实行施工总承包的，施工总承包单位应与安装单位签订施工升降机安装、拆卸工程安全协议书。

3.0.4　施工升降机应具有特种设备制造许可证、产品合格证、使用说明书、起重机械制造监督检验证书，并已在产权单位工商注册所在地县级以上建行政主部门备案登记。

3.0.5　施工升降机安装作业前，安装单位应编制施工升降机安装、拆卸工程专项施工方案，由安装单位技术负责人批准后，报送施工总承包单位或使门单位、监理单位审核，并告知工程所在地县级以上建设行政主管部门。

3.0.6　施工升降机的类型、型号和数量应能满足施工现场货物尺寸、运载重量、运载频率和使用高度等方面的要求。

3.0.7　当利用辅助起重设备安装、拆卸施工升降机时，应对辅助设备设置位置、锚固方法和基础承载能力等进行设计和验算。

3.0.8　施工升降机安装、拆卸工程专项施工方案应根据使用说明书的要求、作业场地及周边环境的实际情况、施工升降机使用要求等编制。当安装、拆卸过程中专项施工方案发生变更时，应按程序更新对方案进行审批，未经审批不得继续进行安装、拆卸作业。

3.0.9　施工升降机安装、拆卸工程专项施工方案应包括下列主要内容：

1　工程概况；

2　编制依据；

3　作业人员组织和职责；

4　施工升降机安装位置平面、立面图和安装作业范围平面图；

5　施工升降机技术参数、主要零部件外形尺寸和重量；

6　辅助起重设备的种类、型号、性能及位置安排；

7　吊索具的配置、安装与拆卸工具及仪器；

8　安装、拆卸步骤与方法；

9　安全技术措施；

10　安全应急预案。

4　施工升降机的安装

4.1　安装条件

4.1.1　施工升降机地基、基础应满足使用说明书的要求。对基础设置在地下室顶板、楼面或其他下部悬空结构上的施工升降机，应对基础支撑结构进行承载力验算。施工升降机安装前应按本规程附录 A 对基础进行验收，合格后方能安装。

4.1.2　安装作业前，安装单位应根据施工升降机基础验收表、隐蔽工程验收单和混凝土强度报告等相关资料，确认所安装的施工升降机和辅助起重设备的基础、地基承载力、预埋件、基础排水措施等符合施工升降机安装、拆卸工程专项施工方案的要求。

4.1.3　施工升降机安装前应对各部件进行检查。对有可见裂纹的构件应进行修复或更换，对有严重锈蚀、严重磨损、整体或局部变形的构件必须进行更换，符合产品标准的有关规定后方能进行安装。

4.1.4　安装作业前，应对辅助起重设备和其他安装辅助用具的机械性能和安全性能进行检查，合格后方能投入作业。

4.1.5　安装作业前，安装技术人员应根据施工升降机安装、拆卸工程专项施工方案和使用说明书的要求，对安装作业人员进行安全技术交底，并由安装作业人员在交底书上签字。在施工期间内，交底书应留存备查。

4.1.6　有下列情况之一的施工升降机不得安装使用：

1　属国家明令淘汰或禁止使用的；

2　超过由安全技术标准或制造厂家规定使用年限的；

3　经检验达不到安全技术标准规定的；

4　无完整安全技术档案的；

5　无齐全有效的安全保护装置的。

4.1.7　施工升降机必须安装防坠安全器。防坠安全器应在一年有效标定期内使用。

4.1.8　施工升降机应安装超载保护装置。超载保护装置在载荷达到额定载重量的110％前应能中止吊笼启动，在齿轮齿条式载人施工升降机载荷达到额定载重量的90％时应能给出报警信号。

4.1.9　附墙架附着点处的建筑结构承载力应满足施工升降机使用说明书的要求。

4.1.10　施工升降机的附墙架形式、附着高度、垂直间距、附着点水平距离、附墙架与水平面之间的夹角、导轨架自由端高度和导轨架与主体结构间水平距离等均应符合使用说明书的要求。

4.1.11　当附墙架不能满足施工现场要求时，应对附墙架另行设计。附墙架的设计应满足构件刚度、强度、稳定性等要求，制作应满足设计要求。

4.1.12　在施工升降机使用期限内，非标准构件的设计计算书、图纸、施工升降机安装工程专项施工方案及相关资料应在工地存档。

4.1.13 基础顶埋件、连接构件的设计、制作应符合使用说明书的要求。

4.1.14 安装前应做好施工升降机的保养工作。

4.2 安装作业

4.2.1 安装作业人员应按施工安全技术交底内容进行作业。

4.2.2 安装单位的专业技术人员、专职安全生产管理人员应进行现场监督。

4.2.3 施工升降机的安装作业范围应设置警戒线及明显的警示标志。非作业人员不得进入警戒范围。任何人不得在悬吊物下方行走或停留。

4.2.4 进入现场的安装作业人员应佩戴安全防护用品，高处作业人员应系安全带，穿防滑鞋。作业人员严禁酒后作业。

4.2.5 安装作业中应统一指挥，明确分工。危险部位安装时应采取可靠的防护措施。当指挥信号传递困难时，应使用对讲机等通信工具进行指挥。

4.2.6 当遇大雨、大雪、大雾或风速大于13m/s等恶劣天气时，应停止安装作业。

4.2.7 电气设备安装应按施工升降机使用说明书的规定进行，安装用电应符合现行行业标准《施工现场临时用电安全技术规范》JGJ 46的规定。

4.2.8 施工升降机金属结构和电气设备金属外壳均应接地，接地电阻不应大于4Ω。

4.2.9 安装时应确保施工升降机运行通道内无障碍物。

4.2.10 安装作业时必须将按钮盒或操作盒移至吊笼顶部操作。当导轨架或附墙架上有人员作业时，严禁开动施工升降机。

4.2.11 传递工具或器材不得采用投掷的方式。

4.2.12 在吊笼顶部作业前应确保吊笼顶部护栏齐全完好。

4.2.13 吊笼顶上所有的零件和工具应放置平稳，不得超出安全护栏。

4.2.14 安装作业过程中安装作业人员和工具等总载荷不得超过施工升降机的额定安装载重量。

4.2.15 当安装吊杆上有悬挂物时，严禁开动施工升降机。严禁超载使用安装吊杆。

4.2.16 层站应为独立受力体系，不得搭设在施工升降机附墙架的立杆上。

4.2.17 当需安装导轨架加厚标准节时，应确保普通标准节和加厚标准节的安装部位正确，不得用普通标准节替代加厚标准节。

4.2.18 导轨架安装时，应对施工升降机导轨架的垂直度进行测量校准。施工升降机导轨架安装垂直度偏差应符合使用说明书和表 4.2.18 的规定。

安装垂直度偏差   表 4.2.18

导轨架架设高度 h（m）	$h \leqslant 70$	$70 < h \leqslant 100$	$100 < h \leqslant 150$	$150 < h \leqslant 200$	$h > 200$
垂直度偏差（mm）	不大于（/1000）h	$\leqslant 70$	$\leqslant 90$	$\leqslant 110$	$\leqslant 130$
	对钢丝绳式施工升降机，垂直度偏差不大于（1.5/1000）h				

4.2.19 接高导轨架标准节时，应按使用说明书的规定进行附墙连接。

4.2.20 每次加节完毕后，应对施工升降机导轨架的垂直度进行校正，且应按规定及时重新设置行程限位和极限限位，经验收合格后方能运行。

4.2.21 连接件和连接件之间的防松防脱件应符合使用说明书的规定，不得用其他物件代替。对有预紧力要求的连接螺栓，应使用扭力扳手或专用工具，按规定的拧紧次序将螺栓准确地紧固到规定的扭矩值。安装标准节连接螺栓时，宜螺杆在下，螺母在上。

4.2.22　施工升降机最外侧边缘与外面架空输电线路的边线之间，应保持安全操作距离。最小安全操作距离应符合表 4.2.22 的规定。

最小安全操作距离　　　　表 4.2.22

外电线电路电压（kV）	< 1	1 ～ 10	35 ～ 110	220	330 ～ 500
最小安全操作距离（m）	4	6	8	10	15

4.2.23　当发现故障或危及安全的情况时，应立刻停止安装作业，采取必要的安全防护措施，应设置警示标志并报告技术负责人。在故障或危险情况未排除之前，不得继续安装作业。

4.2.24　当遇意外情况不能继续安装作业时，应使已安装的部件达到稳定状态并固定牢靠，经确认合格后方能停止作业。作业人员下班离岗时，应采取必要的防护措施，并应设置明显的警示标志。

4.2.25　安装完毕后应拆除为施工升降机安装作业而设置的所有临时设施，清理施工场地上作业时所用的索具、工具、辅助用具、各种零配件和杂物等。

4.3　安装自检和验收

4.3.1　施工升降机安装完毕且经调试后，安装单位应按本规程及使用说明书的有关要求对安装质量进行自检，并应向使用单位进行安全使用说明。

4.3.2　安装单位自检合格后，应经有相应资质的检验检测机构监督检验。

4.3.3　检验合格后，使用单位应组织租赁单位、安装单位和监理单位等进行验收。实行施工总承包的，应由施工总承包单位组织验收。施工升降机安装验收应按本规程进行。

4.3.4　严禁使用未经验收或验收不合格的施工升降机。

4.3.5　使用单位应自施工升降机安装验收合格之日起 30 日

内，将施工升降机安装验收资料、施工升降机安全管理制度、特种作业人员名单等，向工程所在地县级以上建设行政主管部门办理使用登记备案。

4.3.6 安装自检表、检测报告和验收记录等应纳入设备档案。

5.3.1 在每天开工前和每次换班前，施工升降机司机应按使用说明书及本规程附录E的要求对施工升降机进行检查。对检查结果应进行记录，发现问题应向使用单位报告。

5.3.2 在使用期间，使用单位应每月组织专业技术人员按本规程附录F对施工升降机进行检查，并对检查结果进行记录。

5.3.3 当遇到可能影响施工升降机安全技术性能的自然灾害、发生设备事故或停工6个月以上时，应对施工升降机重新组织检查验收。

5.3.4 应按使用说明书的规定对施工升降机进行保养、维修。保养、维修的时间间隔应根据使用频率、操作环境和施工升降机状况等因素确定。使用单位应在施工升降机使用期间安排足够的设备保养、维修时间。

5.3.5 对保养和维修后的施工升降机，经检测确认各部件状态良好后，宜对施工升降机进行额定载重量试验。双吊笼施工升降机应对左右吊笼分别进行额定载重量试验。试验范围应包括施工升降机正常运行的所有方面。

5.3.6 施工升降机使用期间，每3个月应进行不少于一次的额定载重量坠落试验。坠落试验的方法、时间间隔及评定标准应符合使用说明书和现行国家标准《施工升降机》GB/T 10054的有关要求。

5.3.7 对施工升降机进行检修时应切断电源，并应设置醒目的警示标志。当需通电检修时，应做好防护措施。

5.3.8 不得使用未排除安全隐患的施工升降机。

5.3.9 严禁在施工升降机运行中进行保养、维修作业。

5.3.10 施工升降机保养过程中，对磨损、破坏程度超过规定的部件，应及时进行维修或更换，并由专业技术人员检查验收。

5.3.11 应将各种与施工升降机检查、保养和维修相关的记录纳入安全技术档案，并在施工升降机使用期间内在工地存档。

6.0.1 拆卸前应对施工升降机的关键部件进行检查，当发现问题时，应在问题解决后方能进行拆卸作业。

6.0.2 施工升降机拆卸作业应符合拆卸工程专项施工方案的要求。

6.0.3 应有足够的工作面作为拆卸场地，应在拆卸场地周围设置警戒线和醒目的安全警示标志，并应派专人监护。拆卸施工升降机时，不得在拆卸作业区域内进行与拆卸无关的其他作业。

6.0.4 夜间不得进行施工升降机的拆卸作业。

6.0.5 拆卸附墙架时施工升降机导轨架的自由端高度应始终满足使用说明书的要求。

6.0.6 应确保与基础相连的导轨架在最后一个附墙架拆除后，仍能保持各方向的稳定性。

6.0.7 施工升降机拆卸应连续作业。当拆卸作业不能连续完成时，应根据拆卸状态采取相应的安全措施。

6.0.8 吊笼未拆除之前，非拆卸作业人员不得在地面防护围栏内、施工升降机运行通道内、导轨架内以及附墙架上等区域活动。

6.0.9 拆卸作业还应符合本规程第4.2节的有关规定。

附录 F：《建筑施工安全检查标准》JGJ 59—2011（摘录）

3.16.1 施工升降机检查评定应符合国家现行标准《施工升降机安全规程》GB 10055 和《建筑施工升降机安装、使用、拆卸安全技术规程》JGJ 215 的规定。

3.16.2 施工升降机检查评定保证项目应包括：安全装置、限位装置、防护设施、附墙架、钢丝绳、滑轮与对重、安拆、验收与使用。一般项目应包括：导轨架、基础、电气安全、通信装置。

3.16.3 施工升降机保证项目的检查评定应符合下列规定：

1 安全装置

1）应安装起重量限制器，并应灵敏可靠；

2）应安装渐进式防坠安全器并应灵敏可靠，应在有效的标定期内使用；

3）对重钢丝绳应安装防松绳装置，并应灵敏可靠；

4）吊笼的控制装置应安装非自动复位型的急停开关，任何时候均可切断控制电路停止吊笼运行；

5）底架应安装吊笼和对重缓冲器，缓冲器应符合规范要求；

6）SC 型施工升降机应安装一对以上安全钩。

2 限位装置

1）应安装非自动复位型极限开关并应灵敏可靠；

2）应安装自动复位型上、下限位开关并应灵敏可靠，上、下限位开关安装位置应符合规范要求；

3）上极限开关与上限位开关之间的安全越程不应小于 0.15m；

4）极限开关、限位开关应设置独立的触发元件；

5）吊笼门应安装机电联锁装置并应灵敏可靠；

6）吊笼顶窗应安装电气安全开关并应灵敏可靠。

3 **防护设施**

1）吊笼和对重升降通道周围应安装地面防护围栏，防护围栏的安装高度、强度应符合规范要求，围栏门应安装机电联锁装置并应灵敏可靠；

2）地面出入通道防护棚的搭设应符合规范要求；

3）停层平台两侧应设置防护栏杆、挡脚板，平台脚手板应铺满、铺平；

4）层门安装高度、强度应符合规范要求，并应定型化。

4 **附墙架**

1）附墙架应采用配套标准产品，当附墙架不能满足施工现场要求时，应对附墙架另行设计，附墙架的设计应满足构件刚度、强度、稳定性等要求，制作应满足设计要求；

2）附墙架与建筑结构连接方式、角度应符合产品说明书要求；

3）附墙架间距、最高附着点以上导轨架的自由高度应符合产品说明书要求。

5 **钢丝绳、滑轮与对重**

1）对重钢丝绳绳数不得少于 2 根且应相互独立；

2）钢丝绳磨损、变形、锈蚀应在规范允许范围内；

3）钢丝绳的规格、固定应符合产品说明书及规范要求；

4）滑轮应安装钢丝绳防脱装置并应符合规范要求；

5）对重重量、固定应符合产品说明书要求；

6）对重除导向轮、滑靴外应设有防脱轨保护装置。

6 **安拆、验收与使用**

1）安装、拆卸单位应具有起重设备安装工程专业承包资质和安全生产许可证；

2）安装、拆卸应制定专项施工方案，并经过审核、审批；

3）安装完毕应履行验收程序，验收表格应由责任人签字确认；

4）安装、拆卸作业人员及司机应持证上岗；

5）施工升降机作业前应按规定进行例行检查，并应填写检查记录；

6）实行多班作业，应按规定填写交接班记录。

3.16.4 施工升降机一般项目的检查评定应符合下列规定：

1 导轨架

1）导轨架垂直度应符合规范要求；

2）标准节的质量应符合产品说明书及规范要求；

3）对重导轨应符合规范要求；

4）标准节连接螺栓使用应符合产品说明书及规范要求。

2 基础

1）基础制作、验收应符合说明书及规范要求；

2）基础设置在地下室顶板或楼面结构上时，应对其支承结构进行承载力验算；

3）基础应设有排水设施。

3 电气安全

1）施工升降机与架空线路的安全距离或防护措施应符合规范要求；

2）电缆导向架设置应符合说明书及规范要求；

3）施工升降机在其他避雷装置保护范围外应设置避雷装置，并应符合规范要求。

4 通信装置

通信装置应安装楼层信号联络装置，并应清晰有效。

参考文献

[1] 住房和城乡建设部工程质量安全监管司. 施工升降机安装拆卸工 [M]. 北京：中国建筑工业出版社，2010.

[2] 广东省建筑安全协会. 施工升降机安装拆卸工 [M]. 广东：中国环境出版社，2015.7.

[3] 广东省建筑安全协会. 广东省建筑施工安全操作教育系列片 [M]. 广东：广东海燕电子音像出版社，2009.

[4] 中国国家标准化管理委员会. 吊笼有垂直导向的人货两用施工升降机 GB/T 26557—2005[M]. 北京：中国标准出版社，2005.

[5] 中国国家标准化管理委员会. 施工升降机 GB/T 10054—2011[M]. 北京：中国标准出版社，2011.

[6] 中国国家标准化管理委员会. 施工升降机安全规程 GB 10055—2007[M]. 北京：中国标准出版社，2007.

[7] 中国国家标准化管理委员会. 施工升降机用齿轮渐进式防坠安全器 GB/T 34025—2017[M]. 北京：中国标准出版社，2017.

[8] 中国国家标准化管理委员会. 起重机 钢丝绳 保养、维护、安装、检验和报废 GB /T 5972—2016[M]. 北京：中国标准出版社，2016.

[9] 中华人民共和国城乡和建设部. 建筑施工升降机安装、使用、拆卸安全技术规程 JGJ 215—2010[M]. 北京：中国建筑工业出版社，2010.

[10] 中华人民共和国城乡和建设部. 建筑施工安全检查标准 JGJ 59—2011[M]. 北京：中国建筑工业出版社，2012.

[11] 中国国家标准化管理委员会. 安全标志及其使用导则 GB 2894—2008[M]. 北京：中国标准出版社，2009.

[12] 国家《特种作业人员安全技术培训大纲及考核标准》起草小组. 起重指挥司索工 [M]. 北京：中国劳动社会保障出版社，2004.

[13]《机械设计手册》联合编写组编 . 机械设计手册 [M]. 北京：化学工业出版社，1991.

[14] 中华人民共和国建设部 . 施工现场临时用电安全技术规范 JGJ 46—2005[M]. 北京：中国建筑工业出版社，2005.